Sciurti Manuel

GUIDA PER LA PREPARAZIONE DELL' ESAME DI STATO PER IL SETTORE DELL' INGEGNERIA INDUSTRIALE

SEZIONE A

All right reserved. Tutti i diritti riservati.

Tutti i contenuti presenti in quest'opera appartengono ai rispettivi proprietari.

Tesi, foto e grafica sono protetti ai sensi delle norme vigenti su diritto d'autore, sui brevetti e sulla proprietà intellettuale e tutelati dalla legge 22 aprile 1941, n.633.

Tesi, foto e grafica non potranno essere pubblicati, riscritti, commercializzati, distribuiti, da parte di terzi, in alcun modo e sotto qualsiasi forma salvo preventiva autorizzazione scritta da parte dell'Autore e dell'Editore.

Attribuzione Immagine di copertina: Immagine presa dalle banche dati di "cover creator" di Amazon.

Titolo: GUIDA PER LA PREPARAZIONE DELL' ESAME DI STATO PER IL SETTORE DELL' INGEGNERIA INDUSTRIALE

Sottotitolo: SEZIONE A

Autore: Sciurti Manuel
Anno di pubblicazione: 2022

INDICE

PREMESSA — 10

INTRODUZIONE — 12

1. PRIMA PROVA SCRITTA — 17

2. PRIMA PROVA SCRITTA — 21

3. PRIMA PROVA SCRITTA — 25

4. PRIMA PROVA SCRITTA — 29

5. PRIMA PROVA SCRITTA — 33

6. PRIMA PROVA SCRITTA — 36

7. PRIMA PROVA SCRITTA — 40

8. PRIMA PROVA SCRITTA — 43

9. SECONDA PROVA SCRITTA — 46

10. SECONDA PROVA SCRITTA — 49

11. SECONDA PROVA SCRITTA — 53

12. SECONDA PROVA SCRITTA — 57

13. SECONDA PROVA SCRITTA — 61

14.	**SECONDA PROVA SCRITTA**	**65**
15.	**SECONDA PROVA SCRITTA**	**69**
16.	**SECONDA PROVA SCRITTA**	**73**
17.	**IL CODICE DEONTOLOGICO**	**77**
18.	**ESERCIZIO DI PROGETTAZIONE**	**81**
19.	**ESERCIZIO DI PROGETTAZIONE**	**95**
20.	**ESERCIZIO DI PROGETTAZIONE**	**100**
21.	**ESERCIZIO DI PROGETTAZIONE**	**105**
22.	**ESERCIZIO DI PROGETTAZIONE**	**108**
23.	**ESERCIZIO DI PROGETTAZIONE**	**112**
24.	**ESERCIZIO DI PROGETTAZIONE**	**121**
25.	**ESERCIZIO DI PROGETTAZIONE**	**128**
26.	**ESERCIZIO DI PROGETTAZIONE**	**132**
	BIBLIOGRAFIA	**137**
	RISORSE UTILI	**145**
	ALLEGATO A – FORMULARIO GEOMETRIA DELLE MASSE	**150**

ALLEGATO B – FORMULARIO FISICA   **157**

ALLEGATO C – FORMULARIO ANALISI MATEMATICA   **168**

DISCLAIMER   **198**

PREMESSA

Libro dedicato a tutti i neolaureati che si apprestano a sostenere l'esame di stato per l'abilitazione alla professione di ingegnere nel settore industriale, sezione A. In particolare, si rivolge ai laureati nelle seguenti discipline:

- Ingegneria elettrica;

- Ingegneria chimica;

- Ingegneria energetica;

- Ingegneria gestionale;

- Ingegneria meccanica;

- Ingegneria dell'automazione;

- Ingegneria aerospaziale;

- Ingegneria biomedica.

Il libro si propone l'intento di essere un utile guida al fine di preparare le prove scritte per ciascuna disciplina ingegneristica, prendendo come riferimento le tracce d'esame delle più importanti università italiane. Inoltre, per via della situazione pandemica, sarà dato particolare risalto al colloquio orale approfondendo il codice deontologico degli ingegneri.

INTRODUZIONE

L'esame di stato per l'abilitazione alla professione di ingegnere è normato dal decreto del presidente della repubblica numero 328 del 2001. L'esame è formato da una prima prova scritta, da una seconda prova scritta, da una prova orale e da una prova progettuale. Le quali sono così composte:

- Prima prova scritta relativa alle materie caratterizzanti il settore per il quale è richiesta l'iscrizione;

- Seconda prova scritta nelle materie caratterizzanti la classe di laurea corrispondente al percorso formativo specifico;

- Prova orale nelle materie oggetto delle prove scritte ed in legislazione e deontologia professionale;

- Prova pratica di progettazione nelle materie caratterizzanti la classe di laurea corrispondente al percorso formativo specifico.

Il superamento di ciascuna prova avviene quando si raggiungono i sei decimi dei voti messi a disposizione della commissione d'esame. Le domande d'esame variano in funzione dell'università, in quanto ogni università presenta commissioni di esame differenti. Tali commissioni sono formate in parte da liberi professionisti iscritti all'albo e in parte da professori universitari. Per questo motivo, si è reso necessario rispondere ai temi d'esame proposti dai diversi istituti universitari, al fine di dare una visione d'insieme.

A causa dell'emergenza pandemica, l'esame di stato ha assunto una nuova forma, ovvero un colloquio orale, della durata di circa 45 minuti, nel quale il candidato dovrà rispondere a domande di teoria e ad un esempio pratico di progettazione.

CONSIGLI UTILI

Al fine di incrementare le possibilità di successo riguardanti il superamento delle varie prove presenti nell'esame di stato, siano esse scritte, progettuali o orali, vi sono diversi consigli utili da seguire. Per quanto concerne lo svolgimento delle prove scritte, è opportuno sottolineare le parole chiave della traccia, cercando di aver ben chiaro che cosa ci chiede la consegna. Infatti, uno dei pericoli, in cui molti studenti incorrono, è quello di andare fuori tema, penalizzando, di conseguenza, l'esito finale della prova. Sottolineare le parole chiave e scrivere una premessa che ricalca la consegna permette di evitare il pericolo sopradetto, oltre ad essere un ottimo modo di impostare il discorso.

Durante lo svolgimento della prova progettuale, molte università italiane permettono l'utilizzo di una documentazione portata da casa, a patto che sia ben rilegata.

Questa opportunità deve essere ottimizzata al massimo, preparando in maniera accurata e precisa ogni singolo passaggio. Il libro vuole quindi essere una valida guida per preparare le prove scritte e fornire le basi per la parte progettuale. Infine, vi è la prova orale, la quale verterà principalmente sul codice deontologico.

1. PRIMA PROVA SCRITTA

UNIVERSITÀ DI BOLOGNA - 1° SESSIONE 2016

- Oggetto del quesito:

"Descrivere gli aspetti della sicurezza nella progettazione dei processi industriali."

> **Approfondimento**
>
> Per visionare altre tracce proposte dall' università di Bologna, utilizzare il seguente link:
>
> https://www.unibo.it/it/didattica/esami-di-stato/ingegnere-sezione-a/testo-delle-prove-precedenti-ingegnere-sezione-a/testo-delle-prove-precedenti-ingegnere-sezione-a

Risposta:

"In questa relazione si andranno a descrivere i rischi per la sicurezza presenti nei processi industriali. Questi rischi, per la loro natura, non è possibile eliminarli completamente, ma è possibile eseguire degli interventi al fine di ridurli entro i limiti prescritti dalla normativa. Gli obiettivi da perseguire nell'analisi

della sicurezza e dei rischi presenti nei luoghi di lavoro sono i seguenti:

- *Tutelare la vita umana e la salute dei lavoratori;*
- *Proteggere l'ambiente di lavoro;*
- *Preservare i propri asset;*
- *Proteggere la reputazione dell'azienda.*

Le normative attualmente in vigore nella valutazione dei rischi sono molteplici a livello internazionale, a livello europeo si ha la IEC 61511, mentre l'ANSI/ISA 84 è vigente negli Stati Uniti d'America.[1] Infatti, nei paesi occidentali ad elevato livello di sviluppo, sia economico e sia tecnologico, la richiesta di sicurezza viene disciplinata con standard sempre più alti. L' approccio che maggiormente si preferisce è quello preventivo, ovvero si esegue una diagnostica preventiva di possibili guasti, si studiano nuove metodologie per la valutazione di affidabilità, si valuta la disponibilità e il livello di manutenzione dei sistemi produttivi, per arrivare infine alla stima delle conseguenze di vari incidenti. Al fine di soddisfare le richieste finora dette, il personale dedicato ricopre un ruolo molto importante in quanto le continue trasformazioni dei processi produttivi e la nascita di nuovi rischi, dovuti all'adozione di nuove tecnologie, portano alla necessità di una formazione continua e alla conoscenza dei

---

[1]https://www.connectendress.it/sicurezza-industria-processo-secondo-endress-hauser (Pagina visitata il 25/05/2022)

moderni ritrovati della tecnica e della tecnologia necessari per garantire la sicurezza nei processi industriali. Inoltre, va sviluppata la capacità di analisi e di intervento per ridurre la formazione o il ripetersi dei danni ambientali causati da un eventuale incidente. Infatti, il professionista incaricato dovrà preoccuparsi non solo della sicurezza nella progettazione dei processi industriali, ma anche delle eventuali ricadute ambientali, contribuendo anche alla pianificazione e alla gestione delle emergenze".

2. PRIMA PROVA SCRITTA

UNIVERSITÀ DI PISA - 2° SESSIONE 2019

- Oggetto del quesito:

"Descrivere le unità di misura e l'utilizzo dell'analisi dimensionale nella termo-fluidodinamica."

Approfondimento

Per visionare altre tracce proposte dall' università di Pisa, utilizzare il seguente link:

http://www.ing.unipi.it/it/dopo-la-laurea/esame-di-stato/es-prove-sessioni-precedenti

---

Risposta:

"L'analisi dimensionale permette di determinare l'unità di misura di una grandezza fisica. Le varie unità di misura vengono definite da diversi sistemi di misura, a livello nazionale e internazionale si impiega maggiormente il Sistema internazionale di unità di misura, indicato con l'acronimo SI. Il fine di un'unità di misura è quello di fornire il valore della grandezza fisica oggetto di studio, per fare ciò sono stati introdotti dei prefissi, i quali hanno il compito di gestire i multipli

di dieci delle unità. Il sistema internazionale adotta i seguenti prefissi:

Prefisso	Simbolo	Valore
tera	T	10^{12}
giga	G	10^9
Mega	M	10^6
Chilo	k	10^3
Etto	h	10^2
Deca	da	10^1
Unità		10^0
Deci	d	10^{-1}
Centi	c	10^{-2}
Milli	m	10^{-3}
micro	μ	10^{-6}
Nano	η	10^{-9}
Pico	p	10^{-12}

Tabella 2.1

Mentre le unità di misura fondamentali sono:

Grandezza di base	Nome unità di misura	Simbolo
Intervallo di tempo	Secondo	s
Lunghezza	Metro	m
Intensità di corrente	Ampere	A
Massa	Chilogrammo	kg
Temperatura	Grado Kelvin	K
Intensità luminosa	Candela	cd
Quantità di sostanza	Mole	mol

Tabella 2.2

Nell'ambito della termofluidodinamica si utilizzano diverse grandezze derivate, ovvero le grandezze formate dalla combinazione delle grandezze di base. Tali grandezze sono molto comuni nei problemi di termofluidodinamica, infatti è prassi controllare il risultato utilizzando l'analisi dimensionale. Le grandezze derivate maggiormente utilizzate in termofluidodinamica sono:

Grandezze derivate	Nome unità di misura	Simbolo
Forza	Newton	$N = kg \cdot m \cdot s^{-2}$
Pressione	Pascal	$Pa = kg \cdot m^{-1} \cdot s^{-2}$
Energia	Joule	$J = N \cdot m$
Potenza	Watt	$W = J \cdot s^{-1}$

Tabella 2.3

Per esempio, la tensione superficiale, ovvero le forze che si scambiano le molecole all'interno di un fluido, per stare in equilibrio, è esprimibile attraverso la seguente formula:

$$\sigma = \frac{N}{m} = \frac{kg \cdot m \cdot s^{-2}}{m} = kg \cdot s^{-2}"$$

3. PRIMA PROVA SCRITTA

UNIVERSITÀ DI TRIESTE - 1° SESSIONE 2009

- Oggetto del quesito:

"Gli effetti della crisi economica nella produzione industriale."

> **Approfondimento**
>
> Per visionare altre tracce proposte dall' università di Trieste, utilizzare il seguente link:
>
> https://www.units.it/laureati/esami-di-stato/prove-precedenti

- Risposta:

"La crisi economica italiana ha influito pesantemente sulla produzione industriale, nei settori particolarmente esposti alle fluttuazioni del mercato. Prendendo come primo parametro di riferimento il Prodotto Interno Lordo italiano, acronimo PIL, si può notare come dal 2008 esso sia sceso da 2,339 migliaia di miliardi a 2,191 migliaia di miliardi nel 2009, per poi arrivare nel 2015 con un valore di 1,836 migliaia di miliardi di dollari americani. Per quanto concerne la produzione industriale[2]

---

[2] https://www.programmazioneeconomica.gov.it/andamenti-lungo-periodo-economia-italiana/#Produzione%20industriale (Pagina visitata il 25/05/2022)

italiana, si ha che nel medesimo periodo ha subito una contrazione di diversi punti percentuale, per poi riprendersi dal 2016 al 2018, diminuendo dal 2018 al 2020. L'origine di questa crisi ha molteplici fattori, molti dei quali riscontrabili negli scarsi investimenti sulla ricerca, una tassazione elevata e una burocrazia che disincentiva gli investimenti stranieri.

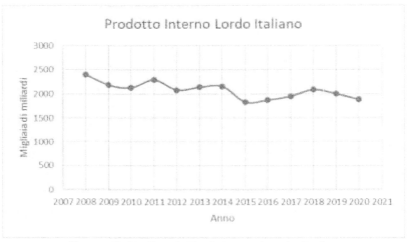

Figura 3.1 – Prodotto Interno Lordo Italiano

Inoltre, nel periodo post 2008 si ha avuto un rialzo del costo delle materie prime. Questo fenomeno ha portato, per un paese come l'Italia non certo ricco di risorse naturali, a dover pagare la stessa quantità di merce importata un prezzo sensibilmente più alto. Inoltre, la crisi creditizia, generata negli Stati Uniti con i mutui subprime, ha provocato, a sua volta, una crisi di fiducia da parte dei creditori e, di conseguenza, l'accesso ai mutui da parte delle piccole e medie imprese italiane è diventato più difficile. Questo ha fatto sì che il quantitativo di denaro da investire nei processi produttivi e nell' innovazione fosse sensibilmente più basso rispetto a quello necessario per mantenere un determinato livello di competitività, generando una crisi i cui effetti si trascinano ancor oggi."

4. PRIMA PROVA SCRITTA

UNIVERSITÀ DI GENOVA - 2° SESSIONE 2019

- Oggetto del quesito:

"Descrivere l'approvvigionamento energetico nei processi industriali, nei sistemi di trasporto e di logistica, soffermandosi sulle molteplicità di sorgenti disponibili e l'efficienza di conversione e distribuzione."

> **Approfondimento**
>
> Per visionare altre tracce proposte dall' università di Genova, utilizzare il seguente link:
>
> https://www.studenti.unige.it/postlaurea/esamistato/ing/

- Risposta:

"L'approvvigionamento energetico nei processi industriali è di fondamentale importanza, sia per preservarne l'efficienza e sia per garantire un determinato standard di qualità dei servizi offerti. Dal punto di vista economico, l'approvvigionamento

energetico dipende fortemente dalla tipologia di energia che si utilizza. Infatti, il costo della materia prima influisce in maniera pesante sul peso economico dell'energia. Le imprese, situate in Italia, soffrono il fatto che il paese ospitante è un grande importatore di gas naturale e prodotti petroliferi, essendo relativamente povero di materie prime. Di conseguenza, il prezzo finale è suscettibile di forti variazioni, per via degli andamenti incerti del mercato. Un'opzione disponibile, che sempre più imprese stanno adottando, è di approvvigionarsi autonomamente attraverso l'impiego di pannelli fotovoltaici. I pannelli fotovoltaici, nella maggioranza dei casi, sono composti da silicio cristallino. L'efficienza di conversione, nel caso del fotovoltaico, ovvero la percentuale di energia luminosa che viene convertita in energia elettrica è generalmente compresa nell' intervallo di 12 e 20%[3]. Per quanto riguarda un impianto a vapore alimentato a combustibili fossili, invece, l'efficienza massima si aggira attorno al 50%[4]. Per quanto concerne l'efficienza di distribuzione, si stima che nel 2020, le perdite di energia nelle reti elettriche verranno ridotte di 200 MW attraverso interventi di ammodernamento. Questo miglioramento porterà un risparmio annuo di energia elettrica al 2020 stimabile in circa 1200 GWh. Per le imprese attive nel

---

[3] https://www.fotovoltaiconorditalia.it/idee/efficienza-di-conversione-core-business-del-fotovoltaico#:~:text=L'efficienza%20di%20conversione%20viene,per%20celle%20commerciali%20al%20silicio. (Pagina visitata il 14/05/2022)

[4] http://www.decrescita.com/news/efficienza-di-conversione-energetica/ (Pagina visitata il 14/05/2022)

settore dei trasporti e della logistica, l'approvvigionamento energetico risulta essere un aspetto importante per il funzionamento di mezzi e macchine. I motori diesel hanno un rendimento attorno al 40 %, i motori a benzina attorno al 30 %, mentre le auto elettriche hanno un rendimento compreso tra l'80 % e il 90%[5]. Tuttavia, la distribuzione di fonti di approvvigionamento per i mezzi alimentati a benzina e diesel è nettamente più capillare rispetto ai mezzi elettrici. In ottica futura, rimanendo nel settore trasporti e logistica, è prevedibile un aumento delle stazioni di rifornimento per mezzi elettrici, favorendo la progressiva sostituzione dei mezzi alimentati direttamente a combustibili fossili."

---

[5]https://insideevs.it/features/370943/perche-il-motore-elettrico-e-piu-efficiente/#:~:text=Ebbene%2C%20in%20questo%20il%20confronto,%25%22a%20oltre%20il%2090%25. (Pagina visitata il 14/05/2022).

5. PRIMA PROVA SCRITTA

UNIVERSITÀ DI TRENTO - 2° SESSIONE 2015

- Oggetto del quesito:

"Descrivere il ruolo della modellazione numerica nella progettazione di componenti meccanici."

> **Approfondimento**
>
> Per visionare altre tracce proposte dall' Università di Trento, utilizzare il seguente link:
>
> https://www.unitn.it/servizi/276/abilitazione-alla-professione-di-ingegnere-sezione-a

- Risposta:

"La modellazione numerica, mediante il metodo degli elementi finiti, viene spesso impiegata dal progettista meccanico per l'analisi numerica dei componenti strutturali. Essa consiste nel dividere dei solidi in un determinato numero di elementi finiti,

chiamando questo primo processo "discretizzazione". Questo processo permette di studiare la risposta strutturale attraverso la soluzione di un problema numerico avente un numero finito di gradi di libertà. Con questo approccio è possibile analizzare e risolvere problemi meccanici aventi geometrie, anche complesse, per quali una via analitica risulterebbe impossibile. Inoltre, in molti progetti meccanici vi è anche la variabile della temperatura oppure vi è un'interazione del solido con il fluido, di conseguenza una modellizzazione numerica è lo strumento più idoneo per studiare determinati aspetti della meccanica e della fisica, come la termofluidodinamica. Infatti, questa tecnologia permette di disegnare e modellare parametricamente i vari componenti strutturali. Inoltre, modellando la struttura della macchina, mediante l'utilizzo di strumenti agli elementi finiti, è possibile descrivere, con buona approssimazione, la distribuzione della massa, la capacità di deformazione e la dinamica delle strutture. Di contro, questa tipologia di approccio, presenta un eccessivo onere computazionale. Non è raro, infatti, avere a che fare con molti gradi di libertà. Di conseguenza, la fase risolutiva del problema risulta essere dispersiva in termini di tempo in relazione alle attuali capacità di calcolo. Un altro aspetto negativo di questa metodologia è l'aspetto puramente economico. Al fine di efficientare la progettazione, non solo dal punto di vista tecnico, ma anche da quello economico, il costo della licenza del software agli elementi finiti ha un suo peso. Infatti, il costo medio si aggira su diverse migliaia di euro, se non decine di migliaia. In aggiunta, nella maggioranza dei casi si necessita di un personale altamente formato, andando quindi a pesare sull'economia del progetto e sul risultato finale."

6. PRIMA PROVA SCRITTA

UNIVERSITÀ DI PADOVA - 1° SESSIONE 2017

- Oggetto del quesito:

"Descrivere la protesi all'anca, soffermandosi sulle modalità costruttive e caratteristiche fisiche."

> **Approfondimento**
>
> Per visionare altre tracce proposte dall' Università di Padova, utilizzare il seguente link:
>
> https://www.unipd.it/raccolta-temi-esame-ingegnere

- Risposta:

"La protesi all'anca è una protesi articolare e viene impiegata quando un'articolazione viene danneggiata in maniera irrimediabile, come per esempio, in caso di trauma oppure di patologia. Una protesi d'anca è formata dalle seguenti parti:

- *Guscio acetabolare;*

- *Coppa acetabolare;*

- *Testa femorale;*

- *Stelo.*

Il guscio acetabolare, che contiene dentro di sé la coppa acetabolare, viene rigidamente collegato all' osso del bacino. La coppa acetabolare, dove al suo interno ruota la testa femorale, consente l'articolazione della protesi. La testa femorale viene rigidamente fissata allo stelo con un accoppiamento ionico. Lo stelo, infine, viene collegato rigidamente al canale diafisario del femore. Per quanto riguarda i materiali da costruzione, le protesi dell'anca si dividono in due grandi categorie:

- *Protesi cementate;*

- *Protesi non cementate.*

Le protesi cementate sono state introdotte, in maniera massiva, all'inizio degli anni 60. Esse utilizzano del polimetilmetacrilato, acronimo PMMA, come materiale di riempimento tra lo stelo protesico e il canale diafisario del femore. Lo stelo, nelle protesi cementate, ha un alto momento di inerzia e un alto modulo elastico, infatti, si utilizza una lega di colbato. Le protesi non cementate, invece, hanno trovato largo utilizzo a partire dagli anni 80. Esse mirano a raggiungere la osteointegrazione tra osso e stelo mediante:

- Biovetri;

- Idrossiapatite;

- Plasma spray per irruvidire.

Lo stelo, sempre nelle protesi non cementate, ha un basso momento di inerzia e un basso modulo elastico; infatti, si utilizza una lega di titanio."

7. PRIMA PROVA SCRITTA

UNIVERSITÀ DI PARMA - 1° SESSIONE 2013

- Oggetto del quesito:

"Descrivere il ruolo dell'ingegnere nella gestione dell'organizzazione e della produzione di un azienda moderna."

Approfondimento

Per visionare altre tracce proposte dall' Università di Parma, utilizzare il seguente link:

https://www.unipr.it/didattica/post-laurea/esami-di-stato

- Risposta:

"La figura dell'ingegnere, nella gestione dell'organizzazione di un'azienda, può assumere diversi ruoli, come per esempio:

- Project Manager;
- Responsabile di produzione;
- Consulente aziendale;
- Change Manager;

- Product Manager.

In tutti questi campi, l'ingegnere necessita di possedere diverse capacità, come il problem solving, capacità di leadership e ottime capacità comunicative. Inoltre, l'ingegnere possiede tutte le conoscenze tecniche necessarie a capire i processi tecnologici svolti all'interno dell'azienda, al fine di dirigere, coordinare e pianificare un determinato progetto. Questa professione deve cercare di ottimizzare, per quanto possibile, l'aspetto economico. Ovvero impiegare il minor numero di risorse al fine di avere il miglior risultato possibile. L'ottimizzazione delle risorse risulta quindi essere una capacità sempre più richiesta, dove per risorse non si intendono solo quelle economiche, ma anche umane e ambientali. Infatti, si necessita di efficientare il più possibile il contributo che ogni operatore può dare al processo produttivo e, allo stesso tempo, ridurre l'impatto che l'attività umana ha con l'ambiente circostante. Per far ciò, l'ingegnere deve eseguire un accurato studio sulla situazione iniziale, valutando le basi di partenza, i processi in essere e la gestione delle risorse umane all'interno dell'organizzazione in cui lavora. Svolta questa fase preliminare, si studia il bilancio aziendale al fine di avere ben chiaro lo stato di salute della società. Si esaminano le varie voci presenti nel bilancio, cercando di comprenderle e, allo stesso tempo, pensare ai vari processi di ottimizzazione da attuare per migliorare la situazione esistente. Infine, un aspetto da valutare è l'organizzazione interna dell'azienda prendendo in esame ogni ruolo presente nell'organigramma per individuare caratteristiche e compiti a cui viene sottoposto."

8. PRIMA PROVA SCRITTA

UNIVERSITÀ DI CATANIA - 1° SESSIONE 2017

- Oggetto del quesito:

"Descrivere il processo di riciclo delle materie plastiche."

Approfondimento

Per visionare altre tracce proposte dall' Università di Catania, utilizzare il seguente link:

https://www.unict.it/didattica/tracce-temi-desame-1%C2%AA-sessione-2017

- Risposta:

"Il riciclo delle materie plastiche avviene trattando i rifiuti di plastica, al fine di rimettere il materiale trattato nei cicli produttivi. La prima fase di questo processo è la raccolta. Nella raccolta avviene il recupero di tutti materiali prodotti e poi trasformati in rifiuti. La raccolta può essere differenziata, indifferenziata e multimateriale. Vi è poi l'attività di selezione. In

questa attività, avviene la selezione dei rifiuti di plastica ottenuti mediante la raccolta urbana. Infatti, si eliminano vetro, carta, alluminio e tutti i materiali che non rientrano nel processo di riciclo della plastica. Successivamente si passa alla triturazione, essa consiste nella frantumazione del materiale mediante l'utilizzo dei mulini. Il risultato ottenuto sono dei frammenti di dimensioni omogenee, ma di forma irregolare, diminuendo, in maniera considerevole, il volume iniziale. La fase successiva, di questo processo, è il lavaggio. Il lavaggio serve ad eliminare ciò che non è necessario al processo di riciclo. Infatti, il materiale, una volta triturato, viene posto in una corrente d'acqua all' interno di una vasca, facendo precipitare tutte quelle parti aventi una densità superiore a quella dell'acqua. In questa maniera, si separano materiali metallici, eventuali granuli di terreno oppure frammenti di vetro. La fase successiva è la macinazione, dove si ha un ulteriore riduzione di volume ad opera di un mulino. Vi è poi una fase di essicamento, dove si elimina il contenuto d'acqua, fino ad arrivare ad un residuo d'acqua di circa il 2,5 %. Dopo il lavaggio il materiale viene stoccato all'interno di appositi serbatoi, dotati di agitatori per omogenizzare le varie pezzature. L' ultima fase di questo processo è quella di granulazione. Nella granulazione il materiale, proveniente dai silos, viene estruso formando una specie di "spaghetto". Questo "spaghetto" viene poi tagliato, da una lama metallica, con la pezzatura voluta, normalmente le dimensioni si aggirano di qualche millimetro. I granuli, così ottenuti, possono essere reintrodotti nel ciclo produttivo, al fine di reimpiegarli nei vari processi produttivi."

9. SECONDA PROVA SCRITTA

UNIVERSITÀ DI BERGAMO - 2° SESSIONE 2008

- Oggetto del quesito:

"Descrivere il funzionamento degli impianti a regime periodico, proponendo alcuni esempi."

Approfondimento

Per visionare altre tracce proposte dall' università di Bergamo, utilizzare il seguente link:

https://www.unibg.it/servizi/opportunita-oltre-studio/esami-stato/ingegnere

---

- Risposta:

"In questa relazione si andranno a descrivere le macchine a regime periodico, fornendo qualche esempio applicativo. Le macchine a regime periodico, a differenza di quelle a regime assoluto, risultano avere una struttura interna più complessa. Infatti, esse possiedono degli organi aventi un moto non rotatorio e di un momento di coppia, sia esso motrice o

resistente, variabile periodicamente. Questa tipologia di macchina presenta un ciclo caratteristico composto da fasi distinte e diverse, che si susseguono periodicamente nel corso del tempo. Per esempio, un motore a combustione interna, acronimo c.i., è formato da quattro fasi: aspirazione, compressione, espansione e scarico. Queste fasi si ripetono periodicamente ogni due giri. Nel regime periodico, il momento M della coppia, sia essa motrice o resistente, si comporta seguendo una funzione periodica, così anche il momento di inerzia I delle masse degli organi mobili, risulta seguire una funzione periodica. In questo caso, risulta di un certo interesse, notare che il periodo della funzione che descrive il momento della coppia M (θ_{Motore}) deve essere un multiplo del periodo descrivente il momento di inerzia delle masse degli organi mobili ($\theta_{inerzia}$). Ovvero:

$$\theta_{Motore} = \theta_{inerzia} \cdot K$$

Dove:

K = 1,2,3..n

Altri esempi di macchine a regime periodico possono essere i motori a combustione interna alternativi, i compressori alternativi oppure le pompe a stantuffo."

10. SECONDA PROVA SCRITTA

UNIVERSITÀ "LA SAPIENZA" DI ROMA - 1° SESSIONE 2017

- Oggetto del quesito:

"Criteri di sicurezza impiegati nella progettazione tecnica o nella gestione di un attività, motivare la risposta con un esempio."

> *Approfondimento*
>
> Per visionare altre tracce proposte dall' università "La sapienza" di Roma, utilizzare il seguente link:
>
> https://www.uniroma1.it/it/pagina/ingegnere-industriale-temi-proposti

- Risposta:

"La sicurezza nella progettazione tecnica e nella gestione delle attività ricopre un ruolo cruciale in ambito lavorativo. In particolare, in maniera esplicativa e non esaustiva, un problema, comune in molte imprese, è la sicurezza in caso di incendio, sia in termini di protezione del progettato, come per esempio le

strutture di uno stabile, sia in termini di salvaguardia della vita umana. Per quanto riguarda la protezione dei beni immobili, come per esempio le strutture portanti dei magazzini e dei locali adibiti ad uffici, viene prescritto un requisito di resistenza al fuoco, chiamato R.E.I.. Dove:

R (resistenza) è la capacità dell'elemento di mantenere le capacità meccaniche, in caso di incendio, per un determinato periodo di tempo.

E (ermeticità) è la capacità di un determinato elemento, in caso di incendio, di non generare fiamme, vapori e gas nel lato non esposto al fuoco per un determinato periodo di tempo.

I (isolamento termico) è la capacità di ridurre la trasmissione del calore per un determinato periodo di tempo.

Per quanto riguarda la progettazione tecnica, ogni elemento strutturale, ove richiesto, deve garantire un determinato requisito di resistenza al fuoco. Qualora questo requisito non fosse soddisfatto, si necessita di una protezione, la quale può essere una vernice intumescente, un intonaco ignifugo oppure una lastra antincendio. Inoltre, deve essere previsto un opportuno impianto di rilevamento di calore e di spegnimento dotato, per esempio, di sprinkler. Al fine di modellare il comportamento di un incendio, all'interno di un edificio, si possono impiegare anche dei modelli fluidodinamici. Infatti, uno dei compiti dei professionisti, che si occupano di sicurezza nell'ambito antincendio per imprese e attività produttrici, consiste nel modellizzare lo scenario di incendio più gravoso e determinare le temperature raggiunte in ciascun ambiente. Infine, sempre in quest' ambito di sicurezza, è necessario predisporre opportuni percorsi d'esodo, favorendo la fuga delle persone in caso di emergenza, e, allo stesso tempo, disporre idranti ed estintori per far sì che siano il più rapidamente raggiungibili in caso di incendio."

11. SECONDA PROVA SCRITTA

UNIVERSITÀ DI PARMA - 2° SESSIONE 2016

- Oggetto del quesito:

"Descrivere le principali macchine operatrici per i fluidi comprimibili, portando come esempio una in particolare."

> **Approfondimento**
>
> Per visionare altre tracce proposte dall' università di Parma, utilizzare il seguente link:
>
> https://www.unipr.it/didattica/post-laurea/esami-di-stato

- Risposta:

"Nella meccanica, con il termine macchina ci si riferisce ad un insieme di organi meccanici, che possono essere fissi o mobili, finalizzato allo scambio, trasporto e trasformazione di energia. Le macchine che lavorano sui fluidi si distinguono in due macro-famiglie in funzione di un solo parametro, ovvero la differenza di potenza tra corrente in ingresso e in uscita. Infatti, si hanno:

Macchine motrici: il carico totale di monte è maggiore di quello di valle;

Macchine operatrici: Il carico totale di valle è maggiore di quello di monte.

Un esempio di macchine operatrici, utilizzabili sia per fluidi che per gas, sono le pompe, le quali hanno un rendimento compreso tra il 60% e 80%. La potenza ceduta da una pompa viene ricavata dalla seguente formula:

$$P = \gamma \, Q \, (H_V - H_M)$$

Dove:

- γ è il peso specifico del fluido (N/m³);

- Q è la portata (m³·s⁻¹);

- H_M è il carico di monte (m);

- H_V è il carico di valle (m).

Un ulteriore suddivisione riguarda le macchine per fluidi incomprimibili (come, per esempio, i liquidi) e le macchine per fluidi comprimibili (come vapore o gas). Analogamente alle pompe, per i fluidi comprimibili esistono i compressori, i quali possono essere volumetrici, centrifughi, a flusso misto oppure radiali. Un altro esempio, che si può prendere in considerazione, di macchine per fluidi comprimibili sono i ventilatori, dove il fluido subisce piccoli aumenti di pressione."

12. SECONDA PROVA SCRITTA

UNIVERSITÀ DI GENOVA - 1° SESSIONE 2019

- Oggetto del quesito:

"Descrivere le tecnologie utilizzate nell' industria chimica per separare la fase solida dalla fase liquida."

Approfondimento

Per visionare altre tracce proposte dall' università di Genova, utilizzare il seguente link:

https://www.studenti.unige.it/postlaurea/esamistato/ing/

- Risposta:

"Al fine di separare la fase solida da quella liquida, l'industria chimica utilizza diverse tecniche, in funzione del risultato che si vuole ottenere. Una delle tecniche più diffuse è la centrifugazione. Essa permette di separare la fase solida immiscibile da un liquido oppure da due liquidi anche essi immiscibili. Lo strumento principale di questa tecnologia è la

centrifuga, la quale utilizza come parametro principale, per il suo funzionamento, la velocità di centrifugazione. Il principio di funzionamento è il seguente, delle provette da centrifuga, con all'interno il materiale da separare, vengono poste all'interno del rotore della centrifuga, per poi attivare la centrifuga. Il principio fisico è che il materiale con la maggiore densità viene spostato alla base della provetta, mentre il materiale con minore densità viene spostato verso l'alto."

Approfondimento

Per approfondire la tematica:

http://www.chimicapratica.altervista.org/tecniche-di-separazione

---

"La normativa presa come riferimento, per questa tipologia di prova, è la EN 12547:2009. Un'altra tecnologia, impiegata nella separazione della fase solida da quella liquida, è quella della sedimentazione. Questa metodologia sfrutta il principio tale per cui la fase più pesante, per via della gravità, tende a depositarsi nel fondale del contenitore. Lo strumento principalmente impiegato è il sedimentatore statico[6]. Questo strumento ha dei costi di impiego relativamente bassi e non presenta problemi di intasamento. Il liquido viene inserito dall'alto, mentre la parte terminale, di forma conica, ospita la parte sedimentata. Un'altra

---

[6]https://www.airdep.eu/biogas-e-energia/sedimentatori-statici-sst/ (pagina visitata il 16/05/2022).

tecnologia, impiegata nell' industria chimica, per far avvenire questa separazione è la filtrazione. Questa tecnica, per funzionare, sfrutta le diverse dimensioni del precipitato."

13. SECONDA PROVA SCRITTA

UNIVERSITÀ UNIMORE - 2° SESSIONE 2019

- Oggetto del quesito:

"Descrivere le varie tipologie dei muri di sostegno."

Approfondimento

Per visionare altre tracce proposte dall' università di Modena e Reggio Emilia, utilizzare il seguente link:

https://www.unimore.it/esamidistato/proveap.html

- Risposta:

"I muri di sostegno hanno il compito di sostenere dei fronti di terreno di varia natura. I materiali principalmente utilizzati per questa tipologia di opere sono:

- Cemento armato;

- Calcestruzzo non armato;

- Mattoni in laterizio.

Dal punto di vista del loro funzionamento statico, essi vengono suddivisi in:

- Muri a gravità;

- Muri a mensola.

I muri a gravità, per via delle loro conformazioni fisiche, resistono alla spinta esercitata dal terreno grazie al loro peso. I muri a mensola, invece, hanno un vincolo ad incastro nella base inferiore, avendo un comportamento simile a quello di una mensola, da qui il nome.

Approfondimento

Per approfondire la tematica:

https://it.wikipedia.org/wiki/Muro_di_sostegno

Nei muri a gravità il materiale più comunemente utilizzato è il cemento armato, mentre il comportamento ricade nel campo elastico. Per quanto concerne la progettazione dei muri di sostegno, le verifiche che si eseguono sono:

- Verifiche di stabilità;

- Verifica a ribaltamento;

- Verifica a scorrimento;

- Verifica a schiacciamento.

Ovviamente, tutte le verifiche necessitano degli opportuni coefficienti di sicurezza, forniti dalle normative attualmente in vigore."

14. SECONDA PROVA SCRITTA

UNIVERSITÀ DI BOLOGNA - 1° SESSIONE 2016

- Oggetto del quesito:

"Descrivere il processo di desolforazione del gas naturale."

Approfondimento

Per visionare altre tracce proposte dall' università di Bologna, utilizzare il seguente link:

https://www.unibo.it/it/didattica/esami-di-stato/ingegnere-sezione-a/testo-delle-prove-precedenti-ingegnere-sezione-a

---

- Risposta:

"Il processo di desolforazione è un processo nel quale viene eliminato lo zolfo e i suoi composti in un gas naturale[7]. Nei gas naturali, lo zolfo che si vuole eliminare è presente sottoforma di

---

[7] https://it.wikipedia.org/wiki/Desolforazione#:~:text=Il%20processo%20di%20desolforazione%20del,'alto%20e%20dal%20basso (Pagina vistata il 17/05/2022).

acido solfidrico. Di conseguenza, non risulta essere legato chimicamente al gas oggetto del trattamento. Il motivo principale, per cui si esegue questo processo, è sostanzialmente uno, ovvero evitare la formazione di goccioline di acido solfidrico nei condotti ad alta pressione del gasdotto. Infatti, essendo un gas condensabile tende, con l'alta pressione presente nei condotti a condensarsi, danneggiando i condotti stessi e sia i compressori. Per questo motivo, è un'operazione che si esegue generalmente all'inizio del trattamento, successivamente alla fase di estrazione. Le fasi di questo processo sono limitate, inizialmente il gas viene portato in un reattore di gocciolamento. In questo reattore, un liquido, in questo caso l'acqua, scorre dall'alto verso il basso, mentre il gas naturale in senso opposto. Quando queste due correnti entrano in contatto, l'acido solfidrico, per il fatto di essere una molecola polare, avrà la tendenza a sciogliersi in acqua. Una volta avvenuto questo scioglimento, l'acqua essendo arricchita con dei composti basici, come per esempio la monoetanolammina (acronimo MEA), ospiterà una reazione chimica tra l'acido e il composto basico, portando alla formazione di composti salini. Infine, l'acqua e i composti salini vanno in un secondo reattore. Nel quale si innesca un processo di reversibilità, attraverso il quale si riesce a rigenerare i reagenti per la desolforazione, mentre l'acqua e l'acido solfidrico vengono spediti nell'ultima fase di questo processo. In uscita l'acqua risulta essere in fase liquida, mentre l'acido in fase gassosa. L'acqua, a patto che le condizioni lo consentano, può essere reimpiegata oppure immessa in un impianto di trattamento. Il gas invece può essere spedito in dei pozzi esauriti, oppure in ulteriori processi chimici, come, per esempio, quello di Claus."

15. SECONDA PROVA SCRITTA

UNIVERSITÀ DI PARMA - 1° SESSIONE 2013

- Oggetto del quesito:

"Processo di progettazione riguardante un organo meccanico. Descrivere le varie fasi."

Approfondimento

Per visionare altre tracce proposte dall' università di Parma, utilizzare il seguente link:

https://www.unipr.it/didattica/post-laurea/esami-di-stato

- Risposta:

"La progettazione di un organo meccanico consiste nel progettare la struttura e, di conseguenza, le modalità realizzative di un sistema. Per fare questo ci si avvale di diverse fasi, le quali sono:

- Indagine di mercato preliminare;

- Progettazione concettuale;
- Progettazione di massima;
- Progettazione esecutiva;
- Progettazione di fabbricazione del sistema.

L'indagine preliminare di mercato serve a capire se esiste un'esigenza, da parte di un potenziale cliente, che deve essere soddisfatta mediante un bene o un servizio. Svolta questa fase, si passa a definire una progettazione concettuale. La progettazione concettuale studia il principio di funzionamento, definendo una prima schematizzazione di massima del sistema. Il risultato di questa fase è la creazione di un prototipo. Questo prototipo verrà successivamente dimensionato ed eventualmente ottimizzato nelle fasi successive, ovvero quelle di progettazione di massima ed esecutiva. Infatti, il grado di dettaglio della progettazione del nostro bene diventa man mano più accurato con il susseguirsi delle varie fasi. La progettazione di massima è quella fase in cui si progettano e si ottimizzano le varie componenti dell'organo meccanico. Infatti, in questa fase, vengono creati i disegni di avamprogetto, come per esempio schizzi o rappresentazioni di massima. Vi è poi la progettazione esecutiva, la quale viene dedicata alla risoluzione delle problematiche finora riscontrate (come, per esempio, quelle di funzionalità e assemblabilità), aumentando sempre di più il livello di dettaglio del progettato. In questa fase vengono prodotti i seguenti elaborati:

- Tavole di compressivi;
- Tavole di sottogruppi;
- Tavole di componenti.

Infine, vi è la progettazione di fabbricazione del sistema, nella quale vengono studiati e risolti tutti quei problemi legati alla produzione dell'organo meccanico. Infatti, vengono indicate, per esempio, le tolleranze, rugosità e sovrametalli, fornendo, allo stesso tempo, tutte le informazioni necessarie a chi deve produrre. In questa fase si eseguono i disegni di fabbricazione e i disegni di "come costruito" necessari per l'archiviazione."

16. SECONDA PROVA SCRITTA

UNIVERSITÀ UNIMORE - 2° SESSIONE 2019

- Oggetto del quesito:

"Descrivere il meccanismo di corrosione di un materiale a scelta dello studente."

> *Approfondimento*
>
> Per visionare altre tracce proposte dall' università di Modena e Reggio Emilia, utilizzare il seguente link:
>
> https://www.unimore.it/esamidistato/proveap.html

- Risposta:

"La corrosione è un processo chimico molto diffuso in alcuni materiali metallici. Tra i più famosi materiali metallici coinvolti in questo processo chimico vi è sicuramente il ferro. La corrosione nel ferro genera la formazione della ruggine, la quale dà origine a un processo progressivo. La ruggine è caratterizzata dal fatto di essere porosa e friabile, di conseguenza, essendo

facilmente staccabile, lascia la possibilità che si formino nuovi processi ossidativi nel ferro esposto. Molto spesso si parla di corrosione umida, per quanto riguarda il ferro, quando è presente dell'acqua allo stato liquido. Infatti, la corrosione è un processo elettrochimico che avviene mediante due razioni, una reazione anodica di dissoluzione e una catodica[8]. La reazione anodica viene descritta dalla seguente relazione:

$$Me = Me^{z+} + ze$$

Infine, vi è una reazione catodica, la quale può portare a scaricare l'idrogeno oppure a ridurre l'ossigeno atmosferico. Affinché ciò avvenga è necessario che vi sia un elettrolita, che può essere, in caso di esposizione atmosferica, dell'umidità condensata. In questa condensa è necessario che vi siano degli ioni, come per esempio CO_2, H_2S oppure SO_2. Quindi nel primo caso si ha la seguente reazione chimica:

$$Fe \rightarrow Fe^{2+} + 2e$$
$$2H^+ + 2e \rightarrow H_2$$

In ambito catodico, se si considera la riduzione di ossigeno si ha

---

[8] http://www.procoat.it/moduli/155__P.%20Spinelli.pdf (pagina visitata il 11/05/2022).

quanto segue:

$$Fe \rightarrow Fe^{2+} + 2e$$

$$\frac{1}{2} O_2 + H_2O + Fe \rightarrow Fe^{2+} + 2\,OH^-$$

I danni prodotti dalla corrosione possono essere sia diretti che indiretti. I danni diretti possono comportare operazioni di sostituzione oppure attività di manutenzione e ripristino. I danni indiretti riguardano la perdita di produzione per il tempo dedicato alla manutenzione degli impianti."

17. IL CODICE DEONTOLOGICO[9]

CIRCOLARE DEL CNI N.375 DEL 14 MAGGIO 2014

In questo capitolo si andrà a descrivere il codice deontologico degli ingegneri, evidenziando i punti principali e i concetti di base.

> **Approfondimento**
>
> Per visionare il codice deontologico degli ingegneri, utilizzare il seguente link:
>
> https://www.cni.it/cni/codice-deontologico

Il codice deontologico ha il compito di normare i doveri e responsabilità dell'ingegnere nei confronti della collettività e dell'ambiente. In particolare, il codice fa riferimento alla Costituzione Italiana, negli articoli 4, 9 e 41, ovvero:

Articolo 4: "ogni cittadino ha il dovere di svolgere secondo le proprie possibilità e la propria scelta un'attività o una funzione che concorra al progresso materiale o spirituale della società".

Articolo 9: "La Repubblica promuove lo sviluppo della cultura, della ricerca scientifica e della tecnica. Tutelando il paesaggio e

---

[9] Capitolo tratto interamente da: Manuel Sciurti. (2021). GUIDA PER L' ABILITAZIONE ALLA PROFESSIONE DI INGEGNERE CIVILE JUNIOR.

il patrimonio storico/artistico della nazione".

Articolo 41: "L'iniziativa economica privata è libera. Essa non può svolgersi in contrasto con l'utilità sociale o recare danno alla sicurezza, alla libertà o alla dignità umana".

La parte prima del codice si riferisce ai principi generali includendo gli articoli 1 e 2. In questa parte si afferma che il professionista deve rispettare la normativa in vigore, a prescindere dal settore di iscrizione, garantendo, allo stesso tempo, il decoro della professione. La seconda parte del codice tratta dei doveri generali dell'ingegnere, partendo dall'articolo numero 3 e concludendo con l'articolo numero 12. In questi articoli si disciplina la responsabilità dell'ingegnere nello svolgimento dei suoi compiti, conservando la propria autonomia tecnica e intellettuale. Inoltre, si afferma il principio di correttezza, attraverso il quale il professionista accetta incarichi di cui ha un adeguata preparazione, mantenendo il segreto professionale. Nei rapporti con il committente, l'ingegnere deve perseguire il legittimo interesse del cliente, secondo i principi di integrità, lealtà e riservatezza. La parte terza inizia dall' articolo 13 e termina con il numero 16. In questo capo vengono disciplinati i rapporti tra professionisti, i quali devono essere improntati alla massima correttezza. Per quanto riguarda il rapporto con i collaboratori, anche esso improntato alla massima correttezza, l'ingegnere si assume ogni responsabilità dei collaboratori alle sue dipendenze. Inoltre, il rapporto con la concorrenza deve rispettare la deontologia professionale, evitando quindi di denigrare il lavoro di altri ingegneri. Il capo quarto disciplina i rapporti esterni, includendo gli articoli da numero 17 al numero 19. In questa parte del codice si disciplinano i rapporti tra l'ingegnere e il territorio, l'ingegnere e la collettività, l'ingegnere e le istituzioni. In questa tipologia di rapporti, vige sempre il principio di non abusare della posizione ricoperta, per quanto riguarda invece il territorio, bisogna promuovere uno sviluppo sostenibile. La parte cinque del codice è composta da un solo articolo, l'articolo 20. Esso regola i rapporti tra l'ordine e gli organismi di autogoverno. Il capo sesto è formato dagli articoli 21 e 22, in questa parte vengono descritte le varie incompatibilità e le relative sanzioni. Per incompatibilità si intende l'eventuale conflitto di interesse tra l'ingegnere e parti terze. Le sanzioni previste vengono emanate dal consiglio di disciplina territoriale. Infine, vi sono le disposizioni finali, capo settimo con il solo articolo 23, nel quale si afferma che il codice deontologico è stato depositato presso il ministero di giustizia.

18. ESERCIZIO DI PROGETTAZIONE[10]

- Quesito:

"Studiare la seguente struttura:

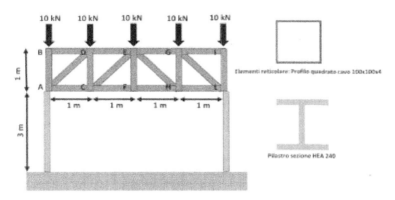

Figura 18.1 – Struttura in acciaio

Richieste:

- *Calcolo azioni interne della trave reticolare e dei pilastri (acciaio S235);*
- *Calcolo delle tensioni massime;*
- *Verifica degli elementi della reticolare secondo la normativa in vigore."*

---

[10] Capitolo tratto interamente da: Manuel Sciurti. (2021). GUIDA PER L'ABILITAZIONE ALLA PROFESSIONE DI INGEGNERE CIVILE JUNIOR.

- Risposta:"

Calcolo azioni interne della trave reticolare e dei pilastri

Si determinano le azioni interne mediante il metodo dell'equilibrio al nodo della trave reticolare.

Leggenda:

 Azioni agenti sul nodo

 Azioni agenti sull' asta

Si determinano le reazioni vincolari V_A e V_L fornite dai pilastri mediante le equazioni di equilibrio globali, iniziando da quella verticale:

$$V_A + V_L - 50\ kN = 0$$

Per simmetria si ha:

$$V_A = V_L = 25\ kN$$

Per poi passare a valutare le azioni interne iniziando dal nodo B:

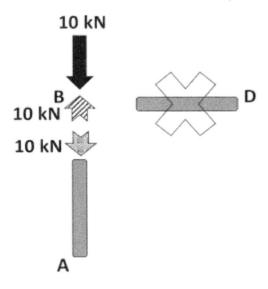

Figura 18.2 – Nodo B

Equazioni equilibrio al nodo delle azioni verticali:

$$\sum F_{verticali} = -10\ kN + N_{BA} = 0$$

$$N_{BA} = 10\ kN$$

$$\sum F_{orrizontali} = 0$$

Nodo A)

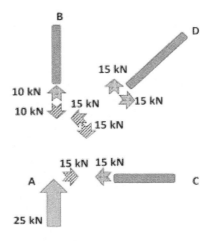

Figura 18.3 – Nodo A

Equazioni equilibrio al nodo delle azioni verticali:

$$\sum F_{verticali} = V_A - N_{AB} - N_{AD,v} = 0$$

$$25\ kN - 10\ kN - N_{AD,v} = 0$$

$$N_{AD,v} = 15\ kN$$

Equazioni equilibrio al nodo delle azioni orizzontali:

$$\sum F_{orrizontali} = N_{AC} - N_{AD,o} = 0$$

Essendo l'asta AD inclinata di 45° si ha:

$$N_{AD,v} = N_{AD,o}$$

Quindi si ha:

$$\sum F_{orrizontali} = N_{AC} - 15\ kN = 0$$

$$N_{AC} = 15\ kN$$

Nodo D)

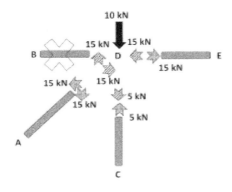

Figura 18.4 – Nodo D

Equazioni equilibrio al nodo delle azioni verticali:

$$\sum F_{verticali} = -10\ kN - N_{DC} + N_{DA,v} = 0$$

$$-10\ kN - N_{DC} + 15\ kN = 0$$

$$N_{DC} = 5\ kN$$

Equazioni equilibrio al nodo delle azioni orizzontali:

$$\sum F_{orrizontali} = -N_{DE} + N_{AD,o} = 0$$

Essendo l'asta AD inclinata di 45° si ha:

$$N_{AD,v} = N_{AD,o}$$

Quindi si ha:

$$-N_{DE} + 15\ kN = 0$$

$$N_{DE} = +15\ kN$$

Nodo C)

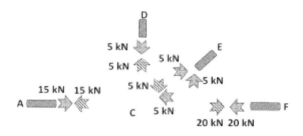

Figura 18.5 – Nodo C

Equazioni equilibrio al nodo delle azioni verticali:

$$\sum F_{verticali} = \ N_{CD} - N_{CE,v} = 0$$

$$15 \ kN - N_{CE,v} = 0$$

$$N_{CE,v} = 15 \ kN$$

Equazioni equilibrio al nodo delle azioni orizzontali:

$$\sum F_{orrizontali} = \ -N_{CA} - N_{CE,o} + N_{CF} = 0$$

Essendo l'asta AD inclinata di 45° si ha:

$$N_{CE,v} = N_{CE,o}$$

Quindi si ha:

$$-15\ kN - 5\ kN + N_{CF} = 0$$
$$N_{CF} = 20\ kN$$

Nodo E)

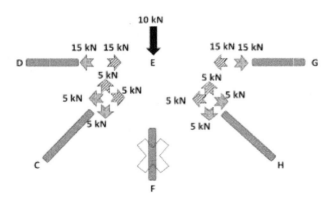

Figura 18.6 – Nodo E

Per simmetria si sono trovate le azioni N_{EF}, N_{EH} ed N_{EG}.

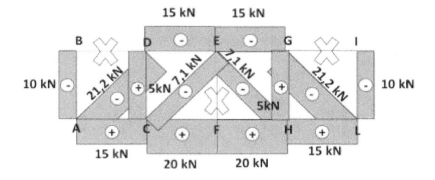

Figura 18.7 – Diagramma dello sforzo assiale

Calcolo delle tensioni massime

Calcolo area della sezione trasversale del profilo 100 x 100 x 4:

$$A = 0,001536 \; m^2$$

Tensione massima di trazione sull' elemento agente della trave reticolare:

$$\sigma = \frac{N}{A} = \frac{20000 N}{0,001536 \; m^2} = 13,0 \; MPa$$

Tensione massima di compressione sull' elemento della trave reticolare:

$$\sigma = \frac{N}{A} = \frac{21200 N}{0,001536 \ m^2} = 13,8 \ MPa$$

Calcolo area della sezione trasversale del profilo HEA 240:

$$A = 0,007684 \ m^2$$

Tensione massima di compressione sul pilastro:

$$\sigma = \frac{N}{A} = \frac{25000 N}{0,007684 \ m^2} = 3,25 \ MPa$$

Verifica degli elementi della reticolare secondo la normativa in vigore

Si determina la classe di duttilità dei profili quadrati cavi 100x100x4.

$$c = h - 2 \cdot t = 100 \ mm - 2 \cdot 4 \ mm = 92 \ mm$$

$$\frac{c}{t} = 23$$

Si determina ε:

$$\varepsilon = \sqrt{\frac{235}{f_{yk}}} = 1$$

La sezione ha quindi una classe di duttilità pari a 1.

$$\frac{c}{t} < 33\,\varepsilon$$

Per le sezioni di classe 1, 2 e 3, si ha che la verifica di compressione consiste nel soddisfacimento della seguente formula:

$$N_{c,Rd} = \frac{A\,f_{yk}}{\gamma_{M0}} > N_{ed} \quad (4.2.10)$$

L'area risulta essere:

$$A = 0{,}001536\ m^2$$

Mentre per un acciaio S235, si ha che:

$$f_{yk} = 235 \text{ MPa}$$

Quindi si ha:

$$N_{c,Rd} = \frac{0{,}001536 \; m^2 \cdot 235000000 \frac{N}{m^2}}{1{,}05} = 344 \; kN > 21{,}2 \; kN$$

per le sezioni di classe 1, 2 e 3, si ha che la verifica di trazione consiste nel soddisfacimento della seguente formula:

$$N_{t,Rd} = \frac{A \; f_{yk}}{\gamma_{M0}} > N_{ed} \quad (4.2.6)$$

L'area risulta essere:

$$A = 0{,}001536 \; m^2$$

Mentre per un acciaio S235, si ha che:

$$f_{yk} = 235 \: MPa$$

Quindi si ha:

$$N_{t,Rd} = \frac{0,001536 \: m^2 \cdot 235000000 \frac{N}{m^2}}{1,05} = 344 \: kN > 20 \: kN"$$

19. ESERCIZIO DI PROGETTAZIONE

- Quesito:

"Calcolare il rendimento della pompa agente su un liquido perfetto, alimentata da una potenza elettrica paria a 4 kW. Il liquido ha come peso specifico un valore pari a $\gamma = 9803 \frac{N}{m^3}$, quando il manometro metallico fornisce la seguente misura n = 0,70 bar nella posizione B, mentre vi è un altro manometro metallico, nella posizione C, che fornisce la seguente misura 0,80 bar. Considerando la velocità e la portata nella condotta costanti e perdite di carico concentrate e distribuite trascurabili."

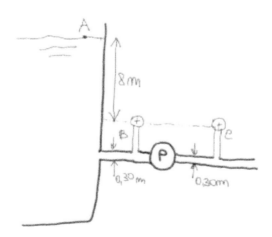

Figura 19.1 – Schema esercizio

- Risposta:"

Dal teorema delle tre quote:

$$H = z + \frac{P}{\gamma} + \frac{v^2}{2g}$$

Nel punto A:

$$H_A = z_A$$

Nel punto B:

$$H_B = \frac{P_B}{\gamma} + \frac{v_B^2}{2g}$$

Quindi si ha:

$$H_A = H_B$$

$$z_A = \frac{P_B}{\gamma} + \frac{v_B^2}{2g}$$

$$\frac{v_B^2}{2g} = z_A - \frac{P_B}{\gamma}$$

Si ricava la velocità v_B:

$$v_B = \sqrt[2]{2g \cdot \left(z_A - \frac{P_B}{\gamma}\right)}$$

$$v_B = \sqrt[2]{2 \cdot 9{,}81 \frac{m}{s^2} \cdot \left(8\,m - \frac{70000\,N/m^2}{9803\,N/m^3}\right)} = 4{,}11 \frac{m}{s}$$

Si ricava la portata Q:

$$A = \pi \cdot r^2 = \pi \cdot (0{,}15\,m)^2 = 0{,}07\,m^2$$

$$Q = v_B \cdot A$$

$$Q = 4{,}11 \frac{m}{s} \cdot 0{,}07\,m^2 = 0{,}29 \frac{m^3}{s}$$

Si ricava la differenza di carico totale:

$$H_V - H_M = \frac{P_C}{\gamma} - \frac{P_B}{\gamma} = \frac{80000 \frac{N}{m^2}}{9803 \frac{N}{m^3}} - \frac{70000 \frac{N}{m^2}}{9803 \frac{N}{m^3}} = 1{,}02\,m$$

Si determina ora la potenza ceduta:

$$P = \gamma\, Q\, \Delta H = 9803 \frac{N}{m^3} \cdot 0{,}29 \frac{m^3}{s} \cdot 1{,}02\, m = 2{,}90\, kW$$

Si determina il rendimento:

$$\eta = \frac{P}{P_E} = \frac{2{,}90\ kW}{4{,}00\ kW} = 0{,}725"$$

20. ESERCIZIO DI PROGETTAZIONE

- Quesito:

"Si prende in considerazione un chip in un supporto tipo DIP con 10 piedini terminali. Conoscendo la temperatura dei terminali 35 °C, mentre la temperatura della giunzione è di 85°C. Determinare la potenza termica trasmessa attraverso il chip."

Parte	Conducibilità termica (W/m · °c)	Spessore (mm)	Area della superficie di scambio termico (mm^2)
Contrazione della giunzione	-	-	Diametro 0,5 mm
Chip	115	0,3	16 mm^2
Legante eutettico	290	0,05	16 mm^2
Telaio principale	385	0,20	16 mm^2
Separatore	0,95	0,1	0,30 mm^2
Terminali	380	4	0,30 mm^2

Tabella 20.1

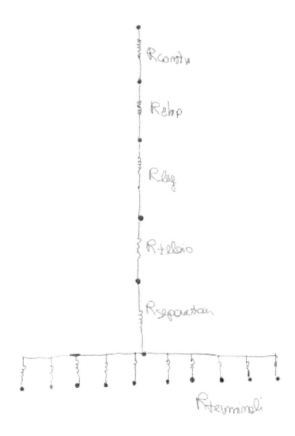

Figura 20.1 – Schema esercizio

- Risposta:"

Si calcolano le varie resistenze termiche.

Resistenza termica della contrazione:

$$R_{contrazione} = \frac{1}{2 \cdot \sqrt[2]{\pi} \cdot d \cdot \lambda} = \frac{1}{2 \cdot \sqrt[2]{\pi} \cdot 0{,}0005 \cdot 115} = 4{,}90 \, °C/W$$

Resistenza termica del chip:

$$R_{chip} = \frac{L}{A \cdot \lambda} = \frac{0{,}0003}{0{,}000016 \cdot 115} = 0{,}16 \, °C/W$$

Resistenza termica del legante:

$$R_{legante} = \frac{L}{A \cdot \lambda} = \frac{0{,}00005}{0{,}000016 \cdot 290} = 0{,}01 \, °C/W$$

Resistenza termica del telaio:

$$R_{telaio} = \frac{L}{A \cdot \lambda} = \frac{0,0002}{0,000016 \cdot 385} = 0,03 \ °C/W$$

Resistenza termica del separatore:

$$R_{separatore} = \frac{L}{A \cdot \lambda} = \frac{0,0001}{0,95 \cdot 10 \cdot 0,0000003} = 35,08 \ °C/W$$

Resistenza termica dei terminali:

$$R_{terminali} = \frac{L}{A \cdot \lambda} = \frac{0,004}{380 \cdot 10 \cdot 0,0000003} = 3,51 \ °C/W$$

Le resistenze termiche, precedentemente calcolate, sono collegate in serie; quindi, la resistenza termica totale della giunzione e dei piedini è uguale alla loro somma:

$$R_{tot} = 3,51 \ \frac{°C}{W} + 35,08 \ \frac{°C}{W} + 0,03 \ \frac{°C}{W} + 0,01 \ \frac{°C}{W} + 0,16 \ \frac{°C}{W} + 4,90 \ \frac{°C}{W} = 43,69 \ \frac{°C}{W}$$

La formula della potenza termica risulta quindi essere:

$$\dot{Q} = \frac{T_{giunzione} - T_{terminali}}{R_{tot}} = \frac{85°C - 35°C}{43,69 \frac{°C}{W}} = 1,14 \ W"$$

21. ESERCIZIO DI PROGETTAZIONE

- Quesito:

"Considerando una protesi di mano mioelettrica, determinare la coppia di stallo esercitabile dal motore e la velocità di chiusura della mano, ipotizzando gli attriti trascurabili.

Dati:

Forza esercitabile dal motore: 116 N

Raggio del rocchetto: 2,7 mm

Coefficiente di sicurezza: 0,9

Velocità rotazione motore: 100 giri/min"

- Risposta:"

Si determina la coppia di stallo:

$$M = F \cdot r = 116\,N \cdot 2,7\,mm = 313,2\,Nmm$$

Si determina la conversione da giri al minuto a millimetri a minuto:

$$2 \cdot \pi \cdot 2{,}7 \, mm \cdot 100 \, \frac{giri}{min} = 1696{,}46 \, \frac{mm}{min}$$

Si determina la conversione da millimetri a minuto a millimetri al secondo:

$$1696{,}46 \, \frac{mm}{min} = 1696{,}46 \, \frac{mm}{60 \, s} = 28{,}26 \, \frac{mm}{s}''$$

22. ESERCIZIO DI PROGETTAZIONE

- Quesito:

"Considerando una protesi di mano mioelettrica, calcolare gli allungamenti della molla al variare degli angoli di inclinazione delle falangi e della conseguente forza nella molla.

Dati:

Costante elastica della molla: $K = 0,09$ N/mm

Forza di precarico della molla: $F_P = 0,700$ N

$\alpha_1 = 90°$ $r_1 = 3,2$ mm

$\alpha_2 = 30°$ $r_2 = 3,2$ mm

$\alpha_3 = 50°$ $r_3 = 3,2$ mm"

Figura 22.1 – Schema esercizio

- Risposta:"

Si calcolano i vari allungamenti:

$$\alpha_3 = \frac{50°}{360°} \cdot 2\pi = 0,872 \; rad$$

$$l_3 = \alpha_3 \cdot r = 0,872 \; rad \cdot 3,2 \; mm = 2,79 \; mm$$

$$\alpha_2 = \frac{30°}{360°} \cdot 2\pi = 0,523 \; rad$$

$$l_2 = \alpha_2 \cdot r = 0,523 \; rad \cdot 3,2 \; mm = 1,67 \; mm$$

$$\alpha_1 = \frac{90°}{360°} \cdot 2\pi = 1,57 \; rad$$

$$l_1 = \alpha_1 \cdot r = 1,57 \; rad \cdot 3,2 \; mm = 5,02 \; mm$$

Si determina la forza della molla:

$$F_{molla\ 3} = k \cdot (l_1 + l_2 + l_3) + F_P$$

$$F_{molla\ 3} = 0{,}09 \frac{N}{mm} \cdot (5{,}02\ mm + 1{,}67\ mm + 2{,}79\ mm) + 0{,}7N = 1{,}55\ N$$

$$F_{molla\ 2} = k \cdot (l_1 + l_2) + F_P$$

$$F_{molla\ 2} = 0{,}09 \frac{N}{mm} \cdot (5{,}02\ mm + 1{,}67\ mm) + 0{,}7N = 1{,}30\ N$$

$$F_{molla\ 1} = k \cdot (l_1) + F_P$$

$$F_{molla\ 1} = 0{,}09 \frac{N}{mm} \cdot (5{,}02\ mm) + 0{,}7N = 1{,}15\ N\ "$$

23. ESERCIZIO DI PROGETTAZIONE[11]

- Quesito:

"Ricavare le reazioni vincolari e i diagrammi delle sollecitazioni (momento flettente, taglio e sforzo normale) della seguente struttura (q= 100 kN/m ed L = 1 m):"

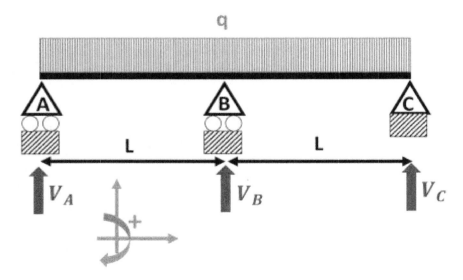

Fig. 23.1 – Struttura una volta iperstatica

---

[11] Capitolo ispirato da: Manuel Sciurti. (2021). GUIDA PER L' ABILITAZIONE ALLA PROFESSIONE DI INGEGNERE CIVILE JUNIOR

- Risposta:"

Numeri grado di libertà: 3

Numeri gradi di vincolo: 2 (cerniera) + 1 (carrello) + 1 (carrello)

Gradi di iperstaticità: 4 – 3 = 1

Per prima cosa si evidenza l'incognita iperstatica, coincidente con la reazione verticale del carrello in B.

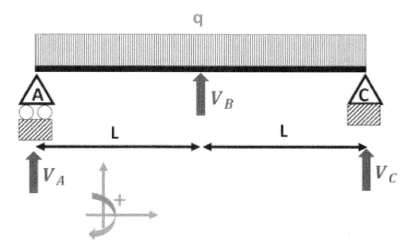

Fig. 23.2 – Incognita iperstatica

Successivamente, si è sostituito il carrello con la sua reazione vincolare, ipotizzandola rivolta verso l'alto.

Essendo il materiale elastico lineare è possibile eseguire la sovrapposizione degli effetti, di conseguenza si ha che:

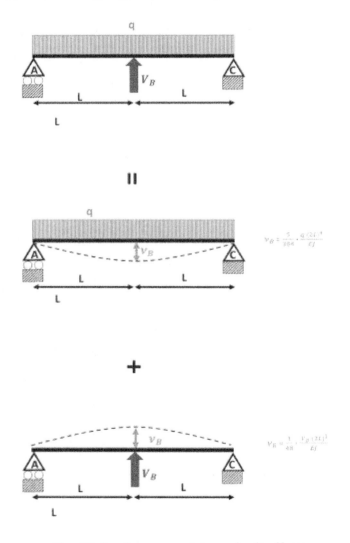

Fig. 23.3 – Sovrapposizione degli effetti

Essendo lo spostamento verticale nel nodo B nullo, per via del carrello si ha:

$$\frac{5}{384} \cdot \frac{q \cdot (2L)^4}{EJ} = \frac{1}{48} \frac{V_B \cdot (2L)^3}{EJ}$$

Da cui se ne ricava che:

$$V_B = \frac{5}{4} ql = 1,25 \, ql = 125 \, kN$$

Per ricavare le restanti reazioni vincolari si introducono le equazioni di equilibrio alle azioni verticali e ai momenti.

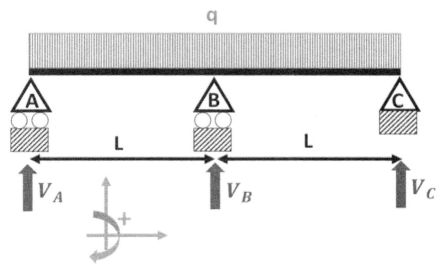

Fig. 23.4 – Reazioni vincolari

Equazione di equilibrio forze verticali:

$$V_A + V_B + V_C - 2\,q \cdot L = 0$$

$$V_A + 1{,}25\,q \cdot L + V_C - 2\,q \cdot L = 0$$

$$V_A + V_C = 0{,}75\,q \cdot L$$

Equilibrio dei momenti attorno al polo A:

$$2\,q \cdot L \cdot L - V_C \cdot 2L - V_B \cdot L = 0$$

$$2\,q \cdot L \cdot L - V_C \cdot 2L - 1{,}25\,q \cdot L \cdot L = 0$$

$$V_C = 0{,}375\,q \cdot L = 37{,}5\ kN$$

Di conseguenza, dall' equazione di equilibrio alle azioni verticali si ricava V_A:

$$V_A = 0{,}75\,q \cdot L - V_C$$

$$V_A = 0{,}375\,q \cdot L = 37{,}5\ kN$$

Si ricava il momento flettente in B:

$$M_B = V_A \cdot L - q \cdot L \cdot 0,5\, L$$

$$M_B = 0,375\, q \cdot L \cdot L - q \cdot L \cdot 0,5\, L$$

$$M_B = -0,125\, q \cdot L \cdot L$$

In una prima approssimazione, si può valutare il momento positivo in mezzeria, di conseguenza si ricava che:

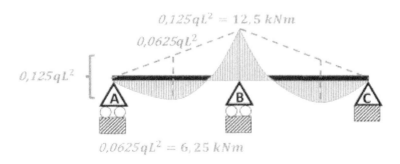

Fig. 23.5 – Diagramma del momento flettente

Il momento positivo in mezzeria si ricava eseguendo la media dei momenti all'estremità dell'asta, ovvero:

$$\frac{0+0{,}125\,qL^2}{2} = 0{,}0625\,qL^2$$

Questo valore va poi sottratto al momento che avrebbe l'asta in mezzeria, qualora si soggetta solamente a carico uniformemente ripartito:

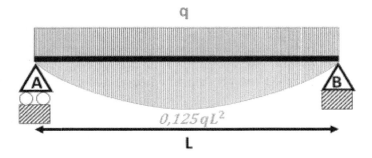

Fig. 23.6 – Asta con carico uniformemente ripartito

Di conseguenza, il momento in mezzeria vale:

$$0{,}125\,qL^2 - 0{,}0625\,qL^2 = 0{,}0625\,qL^2$$

Per quanto riguarda il diagramma del taglio valgono le regole viste in precedenza. Infatti, si ha:

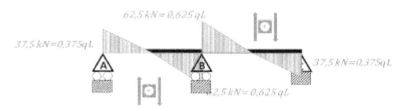

Fig. 23.7 – Diagramma del taglio"

24. ESERCIZIO DI PROGETTAZIONE[12]

- Quesito:

"Verificare la sezione di una trave in acciaio soggetta ad una forza T sia a torsione e sia a taglio ($\sigma_{amm} = 160\ MPa$):"

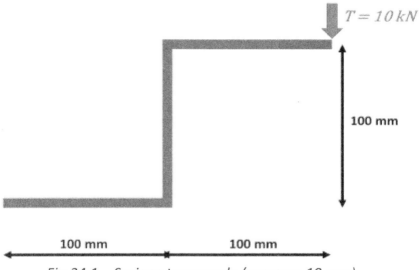

Fig.24.1 – Sezione trasversale (spessore 10 mm)

- Risposta:"

---

[12]Capitolo tratto interamente da: Manuel Sciurti. (2021). GUIDA PER L' ABILITAZIONE ALLA PROFESSIONE DI INGEGNERE CIVILE JUNIOR

Il taglio e la torsione generano delle tau (τ), ovvero delle tensioni tangenziali nella sezione trasversale.

Per quanto riguarda la torsione la formula principalmente utilizzata per determinare le tau (τ) nelle sezioni sottili e composte principalmente da rettangoli (come nel caso in esame) risulta essere:

$$\tau = \frac{M}{J_t} \cdot s$$

Dove:

M è il momento torcente;
s è lo spessore della sezione;
J_t è il fattore di rigidezza torsionale.

Per la valutazione delle tensioni tau generate dal taglio si utilizza la trattazione approssimata di Jourawski che assume le stesse ipotesi del De Sant Venat.

$$\tau = \frac{T \cdot S_X}{I_X \cdot s}$$

Dove:

T è la sollecitazione di taglio;
S è il momento statico;
I è il momento di inerzia;
s è lo spessore.

Quindi, per prima cosa si passa a determinare il baricentro della sezione trasversale.

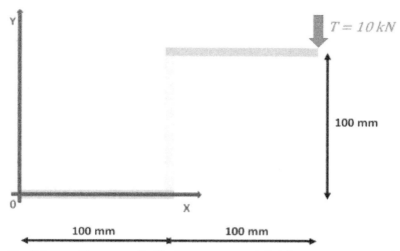

Fig.24.2 – Sistema di riferimento e suddivisione in rettangoli

Successivamente si impiegano le seguenti formule, per determinare le coordinate del baricentro:

$$X_G = \frac{S_Y}{A}$$

$$Y_G = \frac{S_X}{A}$$

Dove:

S_X è il momento statico rispetto all'asse X;
S_Y è il momento statico rispetto all'asse Y;
A è l'area.

Si prende come sistema riferimento un asse cartesiano con l'asse X passante per l'asse di simmetria orizzontale del rettangolo in basso e l'asse Y posto all' estremità sinistra del rettangolo orizzontale.

$$X_G = \frac{90 \cdot 10 \cdot 100 + 105 \cdot 10 \cdot 147,5 + 105 \cdot 10 \cdot 52,5}{105 \cdot 10 + 90 \cdot 10 + 105 \cdot 10} = 100 \; mm$$

$$Y_G = \frac{90 \cdot 10 \cdot 50 + 105 \cdot 10 \cdot 100}{105 \cdot 10 + 90 \cdot 10 + 105 \cdot 10} = 50 \; mm$$

Il momento torcente risulta quindi essere:

$$M_t = 10 \; kN \cdot 0,1 \; m = 1 \; kNm = 1000000 \; Nmm$$

Nel caso di sezioni sottili, composti da rettangoli, il fattore torsionale J_t è dato dalla sommatoria del prodotto della lunghezza di ciascun rettangolo per lo spessore al cubo, prendendo come riferimento le linee medie.
Nel caso in esame si ha:

$$J_t = 100 \cdot 10^3 + 100 \cdot 10^3 + 100 \cdot 10^3 = 300000 \; mm^4$$

Di conseguenza la tensione tau massima generata dal momento torcente risulta essere:

$$\tau_{MAX} = \frac{1000000 \; Nmm}{300000 mm^4} \cdot 10 \; mm = 33,3 \; MPa$$

Si valutano le tau (τ) generate dalla forza di taglio T. Quindi, per prima cosa si valuta il momento di inerzia I_X.

$$I_X = \frac{10 \cdot 90^3}{12} + \frac{105 \cdot 10^3}{12} \cdot 2 + 105 \cdot 10 \cdot 50^2 \cdot 2 = 5875000 \; mm^4$$

Ponendo:

$$K = \frac{T}{I_X \cdot s}$$

$$K = \frac{10000 N}{5875000 \; mm^4 \cdot 10 \; mm} = 0,00017 \; N/mm^5$$

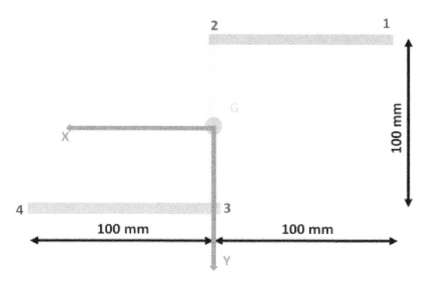

Fig.24.3 – Sistema di riferimento baricentrale

Si valuta ora il momento statico fornito dal rettangolo (1-2) il quale è il medesimo del rettangolo (3 -4).

$$S_{X,12} = S_{X,34} = 10 \text{ mm} \cdot 105 \text{ mm} \cdot 50 \text{ mm} = 52500 \text{ mm}^3$$

Per poi valutare il contributo fornito dal rettangolo (2-G) che risulta essere uguale al rettangolo (G-3):

$$S_{X,2G} = S_{X,G3} = 10 \text{ mm} \cdot 90 \text{ mm} \cdot 22,5 \text{ mm} = 10125 \text{ mm}^3$$

Il risultato finale risulta quindi essere:

$$S_X = 52500 \text{ mm}^3 + 52500 \text{ mm}^3 + 10125 \text{ mm}^3 + 10125 \text{ mm}^3 = 125250 \text{ mm}^3$$

$$\tau = K \cdot S_X = 0,00017 \frac{N}{mm^5} \cdot 125250 \text{ mm}^3 = 21,3 \text{ MPa}$$

Di conseguenza la tau massima risulta essere:

$$\tau_{MAX} = 33,3 \text{ MPa} + 21,3 \text{ MPa} = 54,6 \text{ MPa}$$

Applicando il criterio di Von Mises:

$$\sigma_{id} = \sqrt[2]{\sigma_{MAX}^2 + 3\,\tau_{MAX}^2} < \sigma_{amm}$$
$$\sigma_{id} = \tau_{MAX} \cdot \sqrt{3} = 54,6 \text{ MPa} \cdot \sqrt{3} = 94,5 \text{ MPa}$$
$$\sigma_{id} = 94,5 \text{ MPa} < 160 \text{ Mpa} = \sigma_{amm}"$$

25. ESERCIZIO DI PROGETTAZIONE

- Quesito:

"Verificare a taglio la seguente unione bullonata:

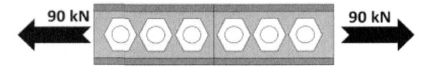

Fig.25.1 – Unione bullonata

Dati:

Spessore piatto di collegamento t_B= 10 mm

Tipologia di acciaio S235.

3 Bulloni M16, classe 5.6."

- Risposta:"

Per prima cosa si valuta la resistenza di progetto a taglio dei bulloni e dei chiodi $F_{v,Rd}$ (formula 4.2.63 delle NTC 2018):

$$F_{v,Rd} = 0.6 \frac{f_{tbk} \cdot A_{rea}}{\gamma_{M2}} = 0.6 \frac{500 \frac{N}{mm^2} \cdot 157 \, mm^2}{1,25} = 37,7 \, kN$$

Tab. 4.2.XIV - *Coefficienti di sicurezza per la verifica delle unioni.*

Resistenza dei bulloni	
Resistenza dei chiodi	
Resistenza delle connessioni a perno	γ_{M2} = 1,25
Resistenza delle saldature a parziale penetrazione e a cordone d'angolo	
Resistenza dei piatti a contatto	
Resistenza a scorrimento: per SLU	γ_{M3} = 1,25
per SLE	γ_{M3} = 1,10
Resistenza delle connessioni a perno allo stato limite di esercizio	$\gamma_{M6,ser}$ = 1,0
Precarico di bullone ad alta resistenza con serraggio controllato con serraggio non controllato	γ_{M7} = 1,0 γ_{M7} = 1,10

Fig.25.2 – Tratta dalle NTC 2018

Tab. 11.3.XIII.b

Classe	4.6	4.8	5.6	5.8	6.8	8.8	10.9
f_{yb} (N/mm²)	240	320	300	400	480	640	900
f_{tb} (N/mm²)	400	400	500	500	600	800	1000

Fig.25.3 – Tratta dalle NTC 2018

Sigla	M12	M14	M16	M18	M20	M22	M24
Area resistente (mm²)	84,3	115	157	192	245	303	353

Tabella 25.1

Verifica a taglio dei collegamenti bullonati in acciaio:

$$F_{v,Ed} = \frac{N_{Ed}}{n.bulloni \cdot n.piani\ di\ taglio} = \frac{90\ kN}{3 \cdot 2} = 15\ kN < 37{,}7\ kN"$$

26. ESERCIZIO DI PROGETTAZIONE

- Quesito:

"Verificare a trazione la seguente unione bullonata:

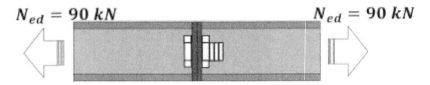

Fig.26.1 – Unione bullonata

Dati:

Spessore piatto di collegamento t_B= 15 mm

Tipologia di acciaio S235.

2 Bulloni M18, classe 5.6"

- Risposta:"

Per prima cosa si valuta la resistenza di progetto a trazione dei bulloni e dei chiodi $F_{t,Rd}$ (formula 4.2.68 per le NTC 2018):

$$F_{t,Rd} = 0{,}9\,\frac{f_{tbk} \cdot A_{res}}{\gamma_{M2}} = 0{,}9\,\frac{500\,\frac{N}{mm^2} \cdot 192\,mm^2}{1{,}25} = 69{,}1\,kN$$

Tab. 4.2. XIV - *Coefficienti di sicurezza per la verifica delle unioni.*

Resistenza dei bulloni	
Resistenza dei chiodi	
Resistenza delle connessioni a perno	$\gamma_{M2} = 1{,}25$
Resistenza delle saldature a parziale penetrazione e a cordone d'angolo	
Resistenza dei piatti a contatto	
Resistenza a scorrimento: per SLU	$\gamma_{M3} = 1{,}25$
per SLE	$\gamma_{M3} = 1{,}10$
Resistenza delle connessioni a perno allo stato limite di esercizio	$\gamma_{M6,ser} = 1{,}0$
Precarico di bullone ad alta resistenza	
con serraggio controllato	$\gamma_{M7} = 1{,}0$
con serraggio non controllato	$\gamma_{M7} = 1{,}10$

Fig.26.2 – Tratta dalle NTC 2018

Tab. 11.3.XIII.b

Classe	4.6	4.8	5.6	5.8	6.8	8.8	10.9
f_{yb} (N/mm²)	240	320	300	400	480	640	900
f_{tb} (N/mm²)	400	400	500	500	600	800	1000

Fig.26.3 – Tratta dalle NTC 2018

Sigla	M12	M14	M16	M18	M20	M22	M24
Area resistente (mm²)	84,3	115	157	192	245	303	353

Tabella 25.1

Verifica a trazione dei collegamenti bullonati in acciaio:

$$F_{t,Ed} = \frac{N_{Ed}}{n.bulloni} = \frac{90\ kN}{2} = 45\ kN < 69{,}1\ kN"$$

Bibliografia

airdep. (2022, Maggio 22). *Sedimentatori statici serie SST*. Tratto da airdep: https://www.airdep.eu/biogas-e-energia/sedimentatori-statici-sst/

Alfonsi, G., & Orsi, E. (1984). *Problemi di idraulica e meccanica dei fluidi.* Milano: Casa editrice Ambrosiana.

Ambrosini, W. (2010-2011). *Termofluidodinamica ed Elementi di CFD.* Università di Pisa.

Bagatti, F., Corradi, E., Desco, A., & Ropa, C. (2015). *Scopriamo la chimica.* Bologna: Zanichelli Editore.

Baragetti, S. (s.d.). *CALCOLO DELLE UNIONI BULLONATE: VERIFICHE SECONDO IL METODO DELLE TENSIONI AMMISSIBILI (SOLO TAGLIO) E AGLI STATI LIMITE.* Bergamo: Università di Bergamo.

Bertini, Pietra, d., & Graditi. (2011). *L'EFFICIENZA NEL SETTORE DELLE RETI ENERGETICHE.* ENEA.

Campana, F. (2010). *Principi e Metodologie della progettazione meccanica.* Roma: Università la Sapienza di Roma.

Cengel, Y. (2005). *Termodinamica e trasmissione del calore.* Milano: Mcgraw-Hill.

ChimicaPratica. (2018, Giugno 22). *Tecniche di separazione*. Tratto da chimicapratica: http://www.chimicapratica.altervista.org/chimica/tecniche-di-separazione/72-tecniche-di-separazione

Cigada, A. (s.d.). *Materiali per "hard tissue":leghe metalliche.* Milano: Dipartimento di Chimica, Materiali e Ingegneria Chimica "Giulio Natta".

Consiglio Nazionale degli Ingegneri. (2014). *Nuovo codice deontologico ingegneri*. Tratto da https://www.cni.it/images/CODICE_DEONTOLOGICO_e_Circolare_CNI_n._375_del_14_maggio_2014.pdf

(2018). *DECRETO 17 gennaio 2018*. Italia.

Einaudi, F. (2019, Settembre 16). *Perché il motore elettrico è più efficiente*. Tratto da insideevs: https://insideevs.it/features/370943/perche-il-motore-elettrico-e-piu-efficiente/#:~:text=Ebbene%2C%20in%20questo%20il%20confronto,%25%22a%20oltre%20il%2090%25

Endress+Hauser. (2019, Novembre 13). *La sicurezza nell'industria di processo secondo Endress+Hauser*. Tratto da connectendress: https://www.connectendress.it/sicurezza-industria-processo-secondo-endress-hauser

Ferretti, E. (2022, Maggio 23). *Esercizi sui circoli di Mohr*. Tratto da elenaferretti: http://elenaferretti.people.ing.unibo.it/ESERCIZI_MOHR_psingola.pdf

Fuda, A. (2022, Maggio 25). *Efficienza di conversione: core business del fotovoltaico*. Tratto da fotovoltaiconorditalia: https://www.fotovoltaiconorditalia.it/idee/efficienza-di-conversione-core-business-del-fotovoltaico#:~:text=L'efficienza%20di%20conversione%20viene,per%20celle%20commerciali%20al%20silicio

Legambiente. (2010). *Il Fotovoltaico: tecnologie e incentivi*. Progetto grafico: Gabriella Piras.

LIUC. (s.d.). *I percorsi professionali di Ingegneria Gestionale*. CASTELLANZA (VA): UNIVERSITA' CARLO CATTANEO.

Madiai, L. (2011, Aprile 7). *Efficienza di conversione energetica*. Tratto da decrescita:

http://www.decrescita.com/news/efficienza-di-conversione-energetica/

Magliocco, A. (2005). *Il riciclo: La plastica.* Genova: Università di Genova.

materiale didattico. (2022, Maggio 22). Tratto da docenti.unina: https://www.docenti.unina.it/webdocenti-be/allegati/materiale-didattico/442842

Monno, M., & Paolo, A. (2007). *Tecniche di simulazione del comportamento dinamico dei sistemi.* Piacenza: Laboratorio MUSP.

Politecnico di Milano. (2021). *Ingegneria della Prevenzione e delle sicurezza dell' industria del processo.* Tratto da poliorientami: www.poliorientami.polimi.it

Presidenza del Consiglio dei Ministri. (2022, Aprile). *Dipartimento per la programmazione e il coordinamento della politica economica.* Tratto da programmazioneeconomica: https://www.programmazioneeconomica.gov.it/andamenti-lungo-periodo-economia-italiana/#Produzione%20industriale

Rosa, A. (2018). *Progettazione e ottimizzazione meccanica di una protesi di mano mioelettrica.* Scuola universitaria professionale della svizzera italiana.

Sciurti, M. (2020). *ESERCIZI SVOLTI DI SCIENZA DELLE COSTRUZIONI PER INGEGNERI E ARCHITETTI.*

Sciurti, M. (2022). *MANUALE 2022 PER LA PREPARAZIONE DELL' ESAME DI STATO PER L' ABILITAZIONE ALLA PROFESSIONE DI INGEGNERE CIVILE.* Autopubblicazione.

Spinelli, P. (s.d.). *CORROSIONE DEI MATERIALI METALLICI.* Tratto da http://www.procoat.it/moduli/155__P.%20Spinelli.pdf

Università "La sapienza" di Roma. (2022, Maggio 24). *ingegnere industriale - temi proposti*. Tratto da uniroma: https://www.uniroma1.it/it/pagina/ingegnere-industriale-temi-proposti

Università degli studi di Bergamo - Facoltà di Ingegneria. (2003). *Dal disegno alla modellazione agli elementi finiti di componenti strutturali*. Bergamo.

Università degli studi di Modena e Reggio Emilia. (2022, Maggio 24). *Esami di Stato archivio prove precedenti*. Tratto da unimore: https://www.unimore.it/esamidistato/proveap.html

Università degli studi di Pavia. (2022, Maggio 22). *materiale didattico*. Tratto da Unipv: http://www-9.unipv.it/webidra/materialeDidattico/sala/001.pdf

Università di Bergamo. (2022, Maggio 24). *TEMI D'ESAME DELLE SESSIONI PRECEDENTI (SEZ.A)*. Tratto da unibg: https://www.unibg.it/servizi/opportunita-oltre-studio/esami-stato/ingegnere

Università di Bologna. (2022, Maggio 24). *Testo delle prove precedenti Ingegnere Sezione A*. Tratto da unibo: https://www.unibo.it/it/didattica/esami-di-stato/ingegnere-sezione-a/testo-delle-prove-precedenti-ingegnere-sezione-a/testo-delle-prove-precedenti-ingegnere-sezione-a

Università di Catania. (2022, Maggio 24). *Tracce temi d'esame - 1ª sessione 2017*. Tratto da unict: https://www.unict.it/didattica/tracce-temi-desame-1%C2%AA-sessione-2017

Università di Genova. (2022, Maggio 24). *Ingegnere Civile e Ambientale, Ingegnere dell'Informazione, Ingegnere Industriale, Ingegnere Civile e Ambientale Iunior, Ingegnere dell'Informazione Iunior, Ingegnere Industriale Iunior*. Tratto da unige: https://www.studenti.unige.it/postlaurea/esamistato/ing/

Università di Padova. (2022, Maggio 24). *Raccolta temi di esame - Ingegnere*. Tratto da unipd: https://www.unipd.it/raccolta-temi-esame-ingegnere

Università di Parma. (2022, Maggio 24). *ESAMI DI STATO*. Tratto da unipr: https://www.unipr.it/didattica/post-laurea/esami-di-stato

Università di Pisa. (2022, Maggio 24). *prove esame di stato*. Tratto da unipi: http://www.ing.unipi.it/it/dopo-la-laurea/esame-di-stato/es-prove-sessioni-precedenti

Università di Trento. (2022, Maggio 24). *Abilitazione alla professione di Ingegnere - Sezione A*. Tratto da unitn: https://www.unitn.it/servizi/276/abilitazione-alla-professione-di-ingegnere-sezione-a

Università di Trieste. (2022, Maggio 24). *Esami di Stato: Prove precedenti*. Tratto da units: https://www.units.it/laureati/esami-di-stato/prove-precedenti

Viola, E. (1977). *Esercitazioni di scienza delle costruzioni/1,strutture isostatiche e geometria delle masse.* Bologna: Pitagora editore.

Viola, E. (1985). *Esercitazioni di scienze delle costruzioni/2,strutture ipestatiche e verifiche di resistenza.* Bologna: Pitagora editore.

Wikipedia. (2022, Maggio 22). *Desolforazione*. Tratto da Wikipedia: https://it.wikipedia.org/wiki/Desolforazione#:~:text=Il%20processo%20di%20desolforazione%20del,'alto%20e%20dal%20basso

Wikipedia. (2022, Maggio 22). *Muri di sostegno*. Tratto da Wikipedia: https://it.wikipedia.org/wiki/Muro_di_sostegno

Wikipedia. (2022, Maggio 25). *Resistenza al fuoco*. Tratto da Wikipedia: https://it.wikipedia.org/wiki/Resistenza_al_fuoco

Wikipedia. (2022, Maggio 25). *Sistema internazionale di unità di misura*. Tratto da Wikipedia: https://it.wikipedia.org/wiki/Sistema_internazionale_di_unit%C3%A0_di_misura

Worldbank. (2022, Maggio 2). *World Development Indicators*. Tratto da datacatalog.worldbank.org: https://datacatalog.worldbank.org/search/dataset/0037712

RISORSE UTILI

- **Temi d'esame passati dell'Università di Bologna:**

https://www.unibo.it/it/didattica/esami-di-stato/ingegnere-sezione-a/testo-delle-prove-precedenti-ingegnere-sezione-a/testo-delle-prove-precedenti-ingegnere-sezione-a

- **Temi d'esame passati dell'Università di Pisa:**

http://www.ing.unipi.it/it/dopo-la-laurea/esame-di-stato/es-prove-sessioni-precedenti

- **Temi d'esame passati dell'Università di Bergamo:**

https://www.unibg.it/servizi/opportunita-oltre-studio/esami-stato/ingegnere

- **Temi d' esame passati università di Trieste:**

https://www.units.it/laureati/esami-di-stato/prove-precedenti

- **Temi d' esame passati università "La sapienza" di Roma:**

https://www.uniroma1.it/it/pagina/ingegnere-civile-ambientale-temi-sessioni-precedenti

- **Temi d' esame passati università di Genova:**

https://www.studenti.unige.it/postlaurea/esamistato/ing/

- **Temi d' esame passati università di Trento:**

https://www.unitn.it/servizi/276/abilitazione-alla-professione-di-ingegnere-sezione-a

- **Temi d' esame passati università di Padova:**

https://www.unipd.it/raccolta-temi-esame-ingegnere

- **Temi d' esame passati università di Parma:**

https://www.unipr.it/didattica/post-laurea/esami-di-stato

- **Temi d' esame passati università di Modena e Reggio Emilia:**

https://www.unimore.it/esamidistato/proveap.html

- **Software gratuito per il calcolo dei telai 2D.**

Ftool:

https://www.ftool.com.br/Ftool/

Pagina visitata il 06/02/2020.

ALLEGATO A – FORMULARIO GEOMETRIA DELLE MASSE

TABELLA GEOMETRIA DELLE MASSE		
FIGURA	MOMENTO STATICO	MOMENTO DI INERZIA
Cerchio	$S_{Z_G} = \dfrac{\pi D^3}{32}$	$I_{Z_G} = \dfrac{\pi D^4}{64}$
Circonferenza	$S_{Z_G} = \dfrac{\pi D^2}{2}$	$I_{Z_G} = \dfrac{\pi D^3}{4}$

TABELLA GEOMETRIA DELLE MASSE

FIGURA	MOMENTO STATICO	MOMENTO DI INERZIA
Quadrato	$S_{Y_G} = \dfrac{L^3}{6}$ $S_{X_G} = \dfrac{L^3}{6}$	$I_{Y_G} = \dfrac{L^4}{12}$ $I_{X_G} = \dfrac{L^4}{12}$
Rettangolo	$S_{Y_G} = \dfrac{h\,b^2}{6}$ $S_{X_G} = \dfrac{b\,h^2}{6}$	$I_{Y_G} = \dfrac{h\,b^3}{12}$ $I_{X_G} = \dfrac{b\,h^3}{12}$

TABELLA GEOMETRIA DELLE MASSE		
FIGURA	MOMENTO STATICO	MOMENTO DI INERZIA
Asta (lunghezza L lungo z)	$S_z = \dfrac{L^2}{2}$	$I_z = \dfrac{L^3}{3}$
Asta (centrata, √2)	$S_z = \dfrac{L^2}{4}$	$I_z = \dfrac{L^3}{12}$

TABELLA GEOMETRIA DELLE MASSE		
FIGURA	MOMENTO STATICO	MOMENTO DI INERZIA
Base Triangolo Equilatero	$S_{\frac{2}{3}h} = \dfrac{bh^2}{24}$ $S_{\frac{1}{3}h} = \dfrac{bh^2}{12}$	$I_{X_G} = \dfrac{bh^3}{36}$ $I_{Y_G} = \dfrac{hb^3}{48}$
Quadrato forato	$S_{X_G} = \dfrac{L^4 - l^4}{6L}$ $S_{Y_G} = \dfrac{L^4 - l^4}{6L}$	$I_{X_G} = \dfrac{L^4 - l^4}{12}$ $I_{Y_G} = \dfrac{L^4 - l^4}{12}$

TABELLA GEOMETRIA DELLE MASSE

FIGURA	MOMENTO STATICO	MOMENTO DI INERZIA
Rettangolo forato	$S_{Y_G} = \dfrac{H B^3 - h b^3}{6B}$ $S_{X_G} = \dfrac{B H^3 - b h^3}{6H}$	$I_{Y_G} = \dfrac{H B^3 - h b^3}{12}$ $I_{X_G} = \dfrac{B H^3 - b h^3}{12}$
M = Massa Puntiforme, D = Distanza, Asse di riferimento	$S = MD$	$I = MD^2$

ALLEGATO B – FORMULARIO FISICA

FISICA	
FORMULA	**SIGNIFICATO**
$\vec{F} = m\,\vec{a}$	$\vec{F} = forza$ $m = massa$ $\vec{a} = accellerazione$
$\vec{F_{mol.el}} = k_{mol}\,\vec{\Delta l}$	$\vec{F_{mol.el}} = forza\ molla\ elastica$ $k_{mol} = costante\ elastica\ della\ molla$ $\vec{\Delta l} = variazione\ di\ lunghezza$
$\vec{q} = m\vec{v}$	$\vec{q} = quantità\ di\ moto$ $m = massa$ $\vec{v} = velocità$

FISICA	
FORMULA	SIGNIFICATO
$\vec{k} = \vec{r_{OP}} \wedge m\vec{v}$	$\vec{q}$ = quantità di moto m = massa $\vec{v}$ = velocità $\vec{r_{OP}}$ = distanza $\vec{k}$ = momento quantità di moto
$\vec{F_{a.v.}} = \lambda \vec{v}$	$\vec{F_{a.v.}}$ = forza attrito viscoso $\vec{v}$ = velocità λ = coeff. attrito viscoso
$\vec{a} \cdot \vec{b} = |\vec{a}| \cdot |\vec{b}| \cdot cos(\theta)$	$\vec{a}$ = vettore $\vec{b}$ = vettore

FISICA	
FORMULA	**SIGNIFICATO**
$\|\vec{a} \wedge \vec{b}\| = \|\vec{a}\| \cdot \|\vec{b}\| \cdot \sin(\theta)$	$\vec{a} = vettore$ $\vec{b} = vettore$
$\dot{\vec{k}} = \vec{M_e}$	$\vec{k} = momento\ quantità\ di\ moto$ $\vec{M_e} = Mom.\ forze\ esterne$
$T = \dfrac{1}{2}\,mv^2$	$T = energia\ cinetica$ $m = massa$ $v = velocità$

FISICA	
FORMULA	**SIGNIFICATO**
$\vec{a} \wedge \vec{b} = \det \begin{pmatrix} \hat{i} & \hat{j} & \hat{k} \\ a_1 & a_2 & a_3 \\ b_1 & b_2 & b_3 \end{pmatrix}$	$a_i = $ componenti vettore $\vec{a}$ $b_i = $ componenti vettore $\vec{b}$
$U_g = \gamma \dfrac{M \cdot m}{r}$	$U_g = $ potenziale gravitazionale $M = $ Massa corpo 1 $m = $ Massa corpo 2 $r = distanza$ $\gamma = costante$
$U_{f.p.} = -mgz$	$U_{f.p.} = $ potenziale della forza peso $m = massa$ $g = $ accellerazione di gravità $z = $ quota rispetto al riferimento

FISICA	
FORMULA	**SIGNIFICATO**
$U_{el} = -\dfrac{1}{2} k_{mol} (\Delta l)^2$	U_{el} = potenziale elastico k_{mol} = costante elastica della molla Δl = variazione di lunghezza
$\vec{F_a} = f \cdot \vec{F_n}$	$\vec{F_a}$ = forza attrito radente f = coefficiente di attrito statico $\vec{F_n}$ = forza normale
$\vec{a} + \vec{b} = (a_1 + b_1, a_2 + b_2, a_i + b_i)$	$\vec{a}$ = vettore $\vec{b}$ = vettore a_i = componenti vettore $\vec{a}$ b_i = componenti vettore $\vec{b}$

FISICA	
FORMULA	**SIGNIFICATO**
$s(t) = vt + s_0$ *moto rettilineo uniforme*	$s(t) = distanza\ percorsa$ $v = velocità$ $t = tempo$ $s_0 = distanza\ iniziale$
$s(t) = \dfrac{1}{2} a t^2 + vt + s_0$ *moto rettilineo uniformemenete accellerato*	$s(t) = distanza\ percorsa$ $v = velocità$ $a = accellerazione$ $t = tempo$ $s_0 = distanza\ iniziale$
$\vec{a} \cdot \vec{b} = a_1 b_1 + a_2 b_2 + a_i b_i$	$\vec{a} = vettore$ $\vec{b} = vettore$ $a_i = componenti\ vettore\ \vec{a}$ $b_i = componenti\ vettore\ \vec{b}$

FISICA	
FORMULA	**SIGNIFICATO**
$\vec{M} = \vec{r} \wedge \vec{F}$	$\vec{M}$ = Momento di una forza $\vec{r}$ = distanza $\vec{F}$ = forza
$\vec{a} - \vec{b} = (a_1 - b_1, a_2 - b_2, a_i - b_i)$	$\vec{a}$ = vettore $\vec{b}$ = vettore a_i = componenti vettore $\vec{a}$ b_i = componenti vettore $\vec{b}$
$\dot{\vec{q}} = \vec{R_e}$	$\dot{\vec{q}}$ = derivata quantita di moto $\vec{R_e}$ = risultante forze esterne

FISICA	
FORMULA	SIGNIFICATO
$\vec{v} = \dfrac{d\vec{r}}{dt}$	$\vec{v} = velocità$ $\vec{d} = distanza$ $t = tempo$
$\vec{a} = \dfrac{d\vec{v}}{dt}$	$\vec{v} = velocità$ $\vec{a} = accelerazione$ $t = tempo$
$\omega = \dfrac{d\theta}{dt}$	$\theta = angolo$ $t = tempo$ $\omega = velocità\ angolare$

FISICA	
FORMULA	**SIGNIFICATO**
$$\vec{F_E} = \frac{1}{4\pi\varepsilon_0} \frac{q_1 q_2}{r^2} \hat{r}$$	$\vec{F_E}$ = forza elettrostatica ε_0 = costante dielettrica del vuoto q_i = carica elettrica r = distanza
$$\lvert\vec{A}\rvert = \sqrt{(A_x)^2 + (A_y)^2 + (A_z)^2}$$	$\lvert\vec{A}\rvert$ = modulo di un vettore A_x = componente di A lungo x A_y = componente di A lungo y A_z = componente di A lungo z
$$\dot{\omega} = \frac{d\omega}{dt}$$	t = tempo $\dot{\omega}$ = accellerazione angolare ω = velocità angolare

ALLEGATO C – FORMULARIO ANALISI MATEMATICA

ANALISI MATEMATICA - DERIVATE	
FORMULA	**ESEMPIO**
$\dfrac{d\, n \cdot x}{dx} = n$	$\dfrac{d\, 2x}{dx} = 2$
$\dfrac{dx^n}{dx} = n\, x^{n-1}$	$\dfrac{d\, x^2}{dx} = 2x$
$\dfrac{de^x}{dx} = e^x$	$\dfrac{d\, 2\, e^x}{dx} = 2e^x$

ANALISI MATEMATICA - DERIVATE	
FORMULA	**ESEMPIO**
$\dfrac{d \ln(x)}{dx} = \dfrac{1}{x}$	$\dfrac{d\, 2\ln(x)}{dx} = \dfrac{2}{x}$
$\dfrac{d \sin(x)}{dx} = \cos(x)$	$\dfrac{d\, 2\sin(x)}{dx} = 2\cos(x)$
$\dfrac{d \cos(x)}{dx} = -\sin(x)$	$\dfrac{d\, 2\cos(x)}{dx} = -2\sin(x)$

ANALISI MATEMATICA - DERIVATE	
FORMULA	**ESEMPIO**
$\dfrac{d\,n}{dx} = 0$	$\dfrac{d\,3}{dx} = 0$
$\dfrac{d\,n^x}{dx} = n^x \ln(n)$	$\dfrac{d\,3^x}{dx} = 3^x \ln(3)$
$\dfrac{d\,\log_n x}{dx} = \dfrac{1}{x \ln(n)}$	$\dfrac{d\,\log_3 x}{dx} = \dfrac{1}{x \ln(3)}$

ANALISI MATEMATICA - DERIVATE

FORMULA	ESEMPIO
$\dfrac{d\,\|x\|}{dx} = \dfrac{x}{\|x\|}$	$\dfrac{d\,2\|x\|}{dx} = 2\dfrac{x}{\|x\|}$
$\dfrac{d\tan(x)}{dx} = \dfrac{1}{\cos^2(x)}$	$\dfrac{d\,2\tan(x)}{dx} = \dfrac{2}{\cos^2(x)}$
$\dfrac{d\cot(x)}{dx} = -\dfrac{1}{\sin^2(x)}$	$\dfrac{d\,2\cot(x)}{dx} = -\dfrac{2}{\sin^2(x)}$

ANALISI MATEMATICA - DERIVATE	
FORMULA	**ESEMPIO**
$$\frac{d \arcsin(x)}{dx} = \frac{1}{\sqrt[2]{1-x^2}}$$	$$\frac{d\, 2\arcsin(x)}{dx} = \frac{2}{\sqrt[2]{1-x^2}}$$
$$\frac{d \arccos(x)}{dx} = -\frac{1}{\sqrt[2]{1-x^2}}$$	$$\frac{d\, 2\arccos(x)}{dx} = -\frac{2}{\sqrt[2]{1-x^2}}$$
$$\frac{d \arctan(x)}{dx} = \frac{1}{1+x^2}$$	$$\frac{d\, 2\arctan(x)}{dx} = \frac{2}{1+x^2}$$

ANALISI MATEMATICA - DERIVATE	
FORMULA	**ESEMPIO**
$\dfrac{d\,arccot(x)}{dx} = -\dfrac{1}{1+x^2}$	$\dfrac{d\,2\,arccot(x)}{dx} = -\dfrac{2}{1+x^2}$
$\dfrac{d\,\sinh(x)}{dx} = \cosh(x)$	$\dfrac{d\,2\sinh(x)}{dx} = 2\cosh(x)$
$\dfrac{d\,\cosh(x)}{dx} = sinh(x)$	$\dfrac{d\,2\cosh(x)}{dx} = 2\,sinh(x)$

ANALISI MATEMATICA - DERIVATE

Derivazione di un quoziente

$$\frac{d}{dx}\frac{f(x)}{g(x)} = \frac{f'(x)g(x) - g'(x)f(x)}{g^2(x)}$$

Derivazione di un prodotto

$$\frac{d}{dx} f(x)\, g(x) = f'(x)g(x) + g'(x)f(x)$$

ANALISI MATEMATICA - INTEGRALI	
FORMULA	ESEMPIO
$\int n \, dx = nx + C$	$\int 2 \, dx = 2x + C$
$\int x^n \, dx = \dfrac{x^{n+1}}{n+1} + C$	$\int x^2 \, dx = \dfrac{x^3}{3} + C$
$\int \dfrac{1}{x} \, dx = \ln(x) + C$	$\int \dfrac{2}{x} \, dx = 2\ln(x) + C$

ANALISI MATEMATICA - INTEGRALI

FORMULA	ESEMPIO
$\int \sin(x)\,dx = -\cos(x) + C$	$\int 2\sin(x)\,dx = -2\cos(x) + C$
$\int \cos(x)\,dx = \sin(x) + C$	$\int 2\cos(x)\,dx = 2\sin(x) + C$
$\int 1 + \tan^2(x)\,dx = \tan(x) + C$	$\int 2 + 2\tan^2(x)\,dx = 2\tan(x) + C$

ANALISI MATEMATICA - INTEGRALI	
FORMULA	**ESEMPIO**
$\int 1 + \cot^2(x)\, dx = -\cot(x) + C$	$\int 2 + 2\cot^2(x)\, dx = -2\cot(x) + C$
$\int e^x\, dx = e^x + C$	$\int 3e^x\, dx = 3e^x + C$
$\int n^x\, dx = \dfrac{n^x}{\log_e n} + C$	$\int 5\, 2^x\, dx = 5\dfrac{2^x}{\log_e 2} + C$

ANALISI MATEMATICA - INTEGRALI

FORMULA	ESEMPIO
$\int \sinh(x)\, dx = \cosh(x) + C$	$\int 8 \sinh(x)\, dx = 8 \cosh(x) + C$
$\int \cosh\, dx = \sinh + C$	$\int 4 \cosh\, dx = 4 \sinh + C$
$\int \dfrac{1}{1+x^2}\, dx = \arctan(x) + C$	$\int \dfrac{2}{1+x^2}\, dx = 2 \arctan(x) + C$

ANALISI MATEMATICA - INTEGRALI

Integrazione per parti

$$\int f(x)g'(x) = f(x)g(x) - \int f'(x)g(x)$$

Integrazione per sostituzione

$$\int f(g(x)) \cdot g'(x)\, dx = \left[\int f(t)\, dt\right]_{t=g(x)}$$

ANALISI MATEMATICA - TRIGONOMETRIA
FORMULA
$\sin^2(\theta) + \cos^2(\theta) = 1$
$\sin^2(\theta) = 1 - \cos^2(\theta)$
$cos^2(\theta) = 1 - \sin^2(\theta)$

ANALISI MATEMATICA - TRIGONOMETRIA
FORMULA
$$\sin\left(\frac{\pi}{2} - \theta\right) = \cos(\theta)$$
$$\sin\left(\frac{\pi}{2} + \theta\right) = \cos(\theta)$$
$$\cos\left(\frac{\pi}{2} - \theta\right) = \sin(\theta)$$

ANALISI MATEMATICA - TRIGONOMETRIA
FORMULA
$\cos\left(\dfrac{\pi}{2} + \theta\right) = -\sin(\theta)$
$\sin(\pi - \theta) = \sin(\theta)$
$\sin(\pi + \theta) = -\sin(\theta)$

ANALISI MATEMATICA - TRIGONOMETRIA
FORMULA
$\cos(\pi - \theta) = -\cos(\theta)$
$\cos(\pi + \theta) = -\cos(\theta)$
$\sin\left(\dfrac{3}{2}\pi - \theta\right) = -\cos(\theta)$

ANALISI MATEMATICA - TRIGONOMETRIA
FORMULA
$$\sin\left(\frac{3}{2}\pi + \theta\right) = -\cos(\theta)$$
$$\cos\left(\frac{3}{2}\pi - \theta\right) = -\sin(\theta)$$
$$\cos\left(\frac{3}{2}\pi + \theta\right) = \sin(\theta)$$

ANALISI MATEMATICA - TRIGONOMETRIA
FORMULA
$\sin(-\theta) = -\sin(\theta)$
$\cos(-\theta) = \cos(\theta)$
$\sin(\alpha + \theta) = \sin(\alpha)\cos(\theta) + \cos(\alpha)\sin(\theta)$

ANALISI MATEMATICA - TRIGONOMETRIA
FORMULA
$\sin(\alpha - \theta) = \sin(\alpha)\cos(\theta) - \cos(\alpha)\sin(\theta)$
$\cos(\alpha + \theta) = \cos(\alpha)\cos(\theta) - \sin(\alpha)\sin(\theta)$
$\cos(\alpha - \theta) = \cos(\alpha)\cos(\theta) + \sin(\alpha)\sin(\theta)$

ANALISI MATEMATICA - TRIGONOMETRIA
FORMULA
$$\tan(\alpha + \theta) = \frac{\tan(\alpha) + \tan(\theta)}{1 - \tan(\alpha)\tan(\theta)}$$
$$\tan(\alpha - \theta) = \frac{\tan(\alpha) - \tan(\theta)}{1 + \tan(\alpha)\tan(\theta)}$$
$$\sin(2\theta) = 2\sin(\theta)\cos(\theta)$$

ANALISI MATEMATICA - TRIGONOMETRIA
FORMULA
$$\cos(2\theta) = \cos^2(\theta) - \sin^2(\theta)$$
$$\tan(2\theta) = \frac{2\tan(\theta)}{1 - \tan^2(\theta)}$$
$$\sin\left(\frac{\theta}{2}\right) = \pm\sqrt[2]{\frac{1 - \cos(\theta)}{2}}$$

ANALISI MATEMATICA - TRIGONOMETRIA
FORMULA
$$\cos\left(\frac{\theta}{2}\right) = \pm\sqrt[2]{\frac{1+\cos(\theta)}{2}}$$
$$\tan\left(\frac{\theta}{2}\right) = \pm\sqrt[2]{\frac{1-\cos(\theta)}{1+\cos(\theta)}}$$
$$\sin(\alpha)\sin(\theta) = \frac{1}{2}\left[\cos(\alpha-\theta) - \cos(\alpha+\theta)\right]$$

ANALISI MATEMATICA - TRIGONOMETRIA
FORMULA
$$\cos(\alpha)\cos(\theta) = \frac{1}{2}\left[\cos(\alpha-\theta) + \cos(\alpha+\theta)\right]$$
$$\sin(\alpha)\cos(\theta) = \frac{1}{2}\left[\sin(\alpha-\theta) + \sin(\alpha+\theta)\right]$$
$$\sin(\alpha) + \sin(\theta) = 2\sin\left(\frac{\alpha+\theta}{2}\right)\cos\left(\frac{\alpha-\theta}{2}\right)$$

ANALISI MATEMATICA - TRIGONOMETRIA

FORMULA

$$\sin(\alpha) - \sin(\theta) = 2\cos\left(\frac{\alpha+\theta}{2}\right)\sin\left(\frac{\alpha-\theta}{2}\right)$$

$$\cos(\alpha) + \cos(\theta) = 2\cos\left(\frac{\alpha+\theta}{2}\right)\cos\left(\frac{\alpha-\theta}{2}\right)$$

$$\cos(\alpha) - \cos(\theta) = -2\sin\left(\frac{\alpha+\theta}{2}\right)\sin\left(\frac{\alpha-\theta}{2}\right)$$

DISCLAIMER

Le informazioni contenute in questo libro sono a scopo informativo e non fanno riferimento alla particolare situazione di un individuo o di una persona giuridica.

Non costituiscono oggetto di consulenza. Questi contenuti non possono sostituire la consulenza individuale da esperti in singoli casi concreti.

Nessuno dovrebbe agire sulla base di queste informazioni senza un'adeguata consulenza professionale e senza un esame approfondito della situazione.

L'Autore non si assume alcuna responsabilità per le decisioni prese da parte del lettore sulla base delle informazioni fornite in questo libro.

Printed by Amazon Italia Logistica S.r.l.
Torrazza Piemonte (TO), Italy

52846765R00117